纺织服装类“十四五”部委级规划教材

数 智 时 尚 系 列 丛 书

AI+3D
服装及面料设计

杨天奇　编著

東華大學出版社

·上海·

图书在版编目（CIP）数据

AI+3D 服装及面料设计 / 杨天奇编著 . -- 上海 : 东华大学出版社 , 2025. 5. --（数智时尚系列丛书）.

ISBN 978-7-5669-2539-8

Ⅰ . TS941.41-39

中国国家版本馆 CIP 数据核字第 2025K2L518 号

责任编辑　徐 建 红

书籍设计　东华时尚

出　　版：东华大学出版社（上海市延安西路 1882 号，200051）

本 社 网 址：dhupress.dhu.edu.cn

天猫旗舰店：http://dhdx.tmall.com

营 销 中 心：021-62193056　62373056　62379558

印　　刷：上海颛辉印刷厂有限公司

开　　本：889mm × 1194mm　1/16

印　　张：10.25

字　　数：330 千字

版　　次：2025 年 5 月第 1 版

印　　次：2025 年 5 月第 1 次印刷

书　　号：ISBN 978-7-5669-2539-8

定　　价：87.00 元

《数智时尚系列丛书》编委会

前 言

随着人工智能技术的迅猛发展，时尚产业正经历着一场前所未有的变革。AI 技术不仅改变了传统的设计流程，还为虚拟时尚、元宇宙等新兴领域提供了无限的可能性。在这样的背景下，《AI+3D 服装及面料设计》应运而生，旨在为设计师、学生以及时尚从业者提供一本应用性强的数字化设计指南。

本书以 Style3D 软件为技术载体，构建了贯穿 " 创意生成 - 面料研发 - 版型设计 - 工艺处理 - 虚拟成衣 - 场景展示 " 的完整数字化闭环。通过 AI 工具的智能化操作，如 AI 换脸、AI 场景、AI 花型生成等，将复杂的技术加以简化，即使是初学者也能快速上手，推动虚拟设计的普及化。本书的特色在于其不仅展示了 AI 技术在服装设计中的创新应用，还通过大量实操案例，帮助读者更直观地理解各个功能的拓展潜力。

本书从基础到高级，系统性地介绍了 Style3D 软件的功能模块、服装工艺细节、数字化面料创新以及关键工艺技术。第一章详细介绍了 Studio 基础功能模块，涵盖界面操作、模特功能、智能设计 (iCreate) 及虚拟展示 (iWish) 四大核心部分，展示了 AI 技术在服装设计中的创新应用，如 AI 换脸、换景、花型生成等，支持从面料试衣到系列配色的全流程设计。第二章深入探讨了服装设计中的关键工艺细节，涵盖褶皱、褶裥、荷叶边、绗缝、垂荡、抽绳及穿绳七大核心工艺。通过详细解析各类工艺的制作技巧与设计应用，展现了工艺对服装立体感、装饰性及功能性的塑造作用，为设计实践提供可量化的工艺解决方案。第三章将服装拆解为省道、袖子、领子等九个基础部件，通过 3D 模型直观展示每个部件的不同形状和变化方式。对细节调整的快速反应和模拟展示，帮助设计师快速实现创意落地。同时，每一款设计与服装版片一一对应，更好地帮助设计师理解操作过程中的变化原理。第四章全面阐述了数字化面料创新与改造的技术体系，详细介绍了 Fabric 操作界面的功能模块、贴图生成技术、特殊材质的参数调整。重点突破针织面料的数字化呈现方法，通过案例展示不同方式处理及展示针织面料，为特种面料开发提供标准化技术路径。第五章通过典型案例的解析，展示了数字化手段在款式设计中的创意应用，特别是经典款如何拓展成创意款的设计思路，帮助设计师找到商业价值与艺术表达的平衡点，探索可复用的数字化设计方法和路径。

感谢上海视觉艺术学院时尚设计学院吴俊院长对我编写本教材的关心与鼓励，感谢浙江凌迪数字科技有限公司作为支持单位授权教学视频，特别感谢上海添智贸易有限公司孙杰先生对本教材的大力支持，从商业的角度上为教材内容提出了非常多的宝贵意见。同时感谢添智 3D 技术总监钱华伦先生对本教材技术难点上的指导，感谢王薇老师协助整理素材，感谢专业助理周垚鑫同学在整个编辑过程中的辛勤付出，以及王云儿、徐鹤凌等优秀毕业生提供的实战案例。最后要感谢责任编辑徐建红老师以出版人的专业眼光为内容提出的宝贵建议，是大家的鼎力支持才有了这本《AI+3D 服装及面料设计》教材的顺利出版。

希望这本书能成为读者探索 Style3D 创作之旅的灯塔，不仅传递技术操作的乐趣，更激发无穷的想象力。愿每一位翻开此书的人，都能在虚拟与现实的交织中，捕捉灵感的火花，突破创意的边界，共同在数字化时代中探索虚拟时尚的无限可能。

杨天奇

2025 年 2 月于上海

目 录

第 1 章

基础功能介绍

一、安装教程

第一步：下载

请确保您已经购买了 Style3D 云平台的账号。然后登录 Style3D 云平台，找到首页左侧：全部菜单→应用中心→软件工具→ Style3D 面料。最后在该页面可查看软件使用有效时间，根据您的系统，可点击对应系统“下载正式版”下载最新版本软件，点击更多版本可查找历史版本进行下载。

第二步：安装

双击已下载的安装包，开始进行安装。然后在安装弹窗上勾选同意用户许可协议后，可选择一键安装，或自定义安装设置，即可进行软件安装。

二、电脑配置要求

表1-1 Studio-Windows 软件配置要求

	最低配置	推荐配置	特殊品类推荐配置 （羽绒服、时装、毛类等复杂品类）	最高推荐配置
系统	Windows 10 / Windows 11 64 位系统	Windows 10 / Windows 11 64 位系统	Windows 10 / Windows 11 64 位系统	Windows 10 / Windows 11 64 位系统
处理器	Inte ® Core i5 12400或 AMD Ryzen5 3600x	Inte ® Core i7 13700或 AMD Ryzen5 3800x	Inte ® Core i7 13700或 AMD Ryzen5 5800x或更高	Inte ® Core i9 13900K或 AMD Ryzen5 5900x或更高
显卡	NVIDIA GeForce GTX 2060 显存2GB以上 不支持ATI显卡或是 Intel集成显卡	NVIDIA GeForce RTX 5060 显存6GB以上 不支持ATI显卡或是 Intel集成显卡	NVIDIA GeForce RTX 5070 显存8GB以上 不支持ATI显卡或是 Intel集成显卡	NVIDIA GeForce RTX 5090 显存12GB以上 不支持ATI显卡或是 Intel集成显卡
内存	8GB	16GB	32GB	32GB
存储空间	20GB硬盘空间以上 推荐使用固态硬盘	20GB硬盘空间以上 推荐使用固态硬盘	20GB硬盘空间以上 推荐使用固态硬盘	20GB硬盘空间以上 推荐使用固态硬盘
显示器	最低：1920×1080	最低：1920×1080	最低：1920×1080	最低：1920×1080
鼠标	两键滚轮鼠标	两键滚轮鼠标	两键滚轮鼠标	两键滚轮鼠标

注：Windows 支持实时光追功能，实时光追功能显卡配置需要NVIDIA GeForce GTX 2060以上。

表1-2 Studio-Mac配置要求

	推荐配置
Mac支持型号	MacBook Pro 2020（M系列）及以上
MacOS	Monterey 12
处理器	Apple M1及以上
内存	DDR4 32GB
储存空间	SSD 50GB
显示器	支持Retina 4K
鼠标	两键滚轮鼠标
网络	需联网

注：Mac 没有Nvidia显卡，所以Mac 用户无法获得软件支持的GPU 加速效果.但可以正常支持模拟和渲染

第一节 Studio界面操作

Style3D Studio 界面主要分为“四窗一栏”这五个部分（图 1-1）。核心操作区占据界面主体空间，采用双视窗并行设计：左侧为 2D 版片编辑视窗，设计师可在此进行服装版型的绘制、分割与调整；右侧 3D 动态展示视窗则实时渲染服装的立体成型效果，支持 360 度旋转观察。顶部菜单工具栏采用层级化设计，“文件 - 开始 - 素材 - 工具”四大主菜单横向排布，其下方配置了各类功能栏，不同版本功能键的排列布局可能有所差异。界面右侧采用双层功能架构：上层为素材场景视窗，整合了织物、图案、辅料、模特等核心素材分类，支持拖拽式操作，实现快速素材应用；下层为动态参数面板，该区域随当前选定素材类型动态切换，提供精细化调节的数值输入框、色彩拾取器、物理属性调节器等专业控件，确保设计细节的精确把控。

如需了解 Studio 各功能模块的详细操作指引，请查阅功能对照表（表 1-3），扫描对应二维码即可观看官方视频教程。

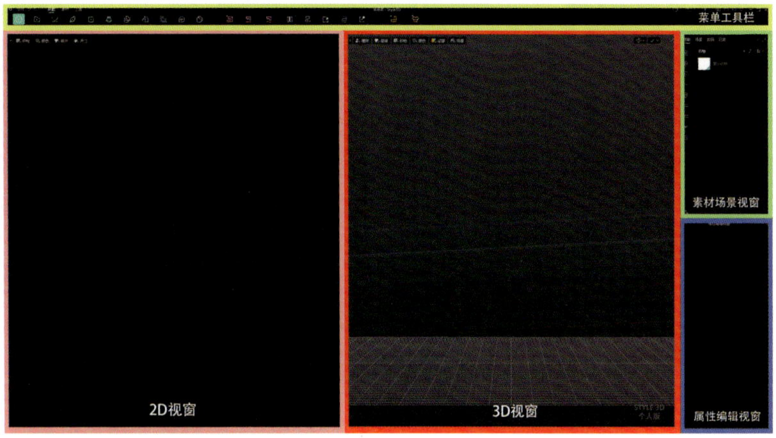

图1-1 Studio 操作界面

表1-3 Studio各功能模块操作指引

软件界面及操作	Style3D Studio界面介绍
菜单工具栏	Style3D Studio工具栏工具详解
	Style3D Studio开始栏选择移动与编辑版片工具详解
	Style3D Studio开始栏编辑曲线至固定针工具详解
素材场景视窗	Style3D Studio素材栏工具详解
	Style3D Studio场景管理视窗详解
属性编辑视窗	Style3D Studio属性编辑视窗详解
2D视窗	Style3D Studio 2D视窗详解
3D视窗	Style3D Studio 3D视窗详解

第二节 虚拟模特设置

在 Style3D 设计流程中，虚拟模特模块包含六大关键功能：模特类型、模特表情、模特妆造设计、模特姿势、模特测量线、模特试穿。本节将逐项进行详细讲解。

虚拟模特类型介绍

虚拟模特的编辑与使用

一、模特类型

Style3D 软件中的模特主要分为三种类型。1. 审版模特（图 1-2）：这款模特基于扫描和对称处理优化而成，最贴近真实人体体型和细节，也是最常用的模特类型。系统预设了符合欧盟和亚洲标准的 S、M、L 等尺寸，方便用户在制作版片后直接导出文件进行后续操作。2. 展示模特（图 1-3）：主要用于静态展示，模拟木制或塑料电镀人台的效果，强调环境氛围感，但其尺寸不具备对服装版型进行修改的条件。3. 定制人台：针对特定企业客户需求定制，具体需要联系 Style3D 客服。日常使用以审版模特为主，这些功能不仅为设计师提供了高度灵活的模特选择，还通过精准的尺寸调整和细节优化，显著提升了设计效率和展示效果。

在 Style3D 软件中，点击“资源库”，从菜单栏中选择“模特”，可以看到多种模特分类，如男、女、男童、女童、衣架、幼童等选项。在“女”类别中，除了标准女模外，还有“欧洲大码女”和“欧洲女”两种选择，主要体现在身体部位尺寸的差异。用户可以通过“属性编辑窗口”中的“编辑虚拟模特”功能，查看并调整身体各部位的尺寸数据，以满足具体设计需求。在“模特”类别中，用户还可以对模特的细节进行个性化调整，包括脸型、皮肤、发型、配饰、表情、姿势和动作等选项，从而更好地匹配设计风格。

二、模特表情

在服装展示过程中，除了服装本身的设计，模特的表现力同样是至关重要的环节。这种数字化的表情定制方案突破了物理模特的局限，为品牌注入了独特的视觉基因：一方面，通过建立标准化的表情数据库，确保品牌形象的一致性；另一方面，支持个性化表情创作，满足不同系列设计的差异化需求。在提升视觉冲击力的同时，表情定制系统还能与服装材质、版型设计产生协同效应，使整体展示效果更具层次感和记忆点，最终实现设计理念的精准传达与品牌价值的深度呈现。

在实际操作中，设计师可以选择使用系统自带的预设表情（图 1-4），也可以在默认表情的基础上进行数据微调（图 1-5）。通过调整“眼部”和“嘴部”中的不同参数，设计师能够轻松设计出多样化的表情，从而为服装展示增添更多层次与情感表达。这一功能不仅提升了展示的灵活性，还为设计师提供了更多创意发挥的空间。

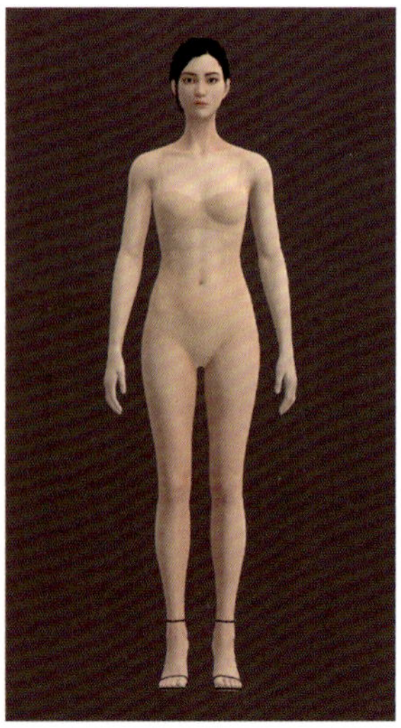

图1-2 审版模特

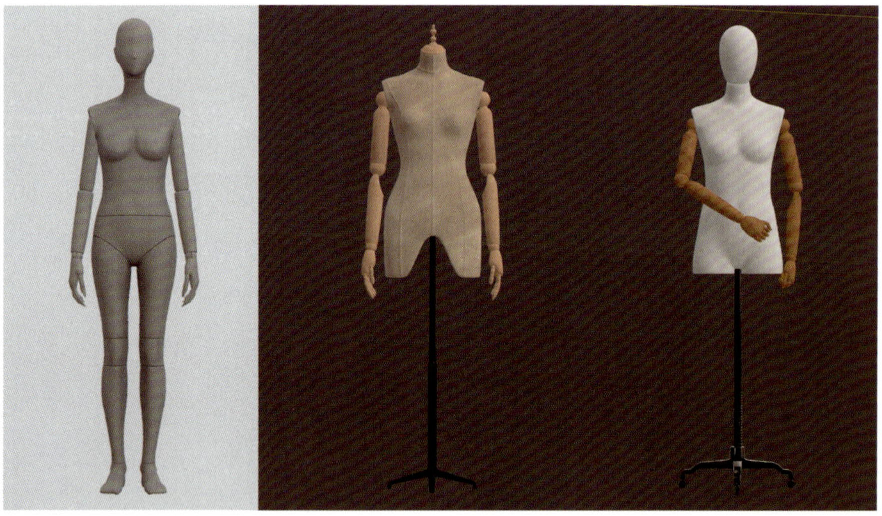

图1-3 展示模特

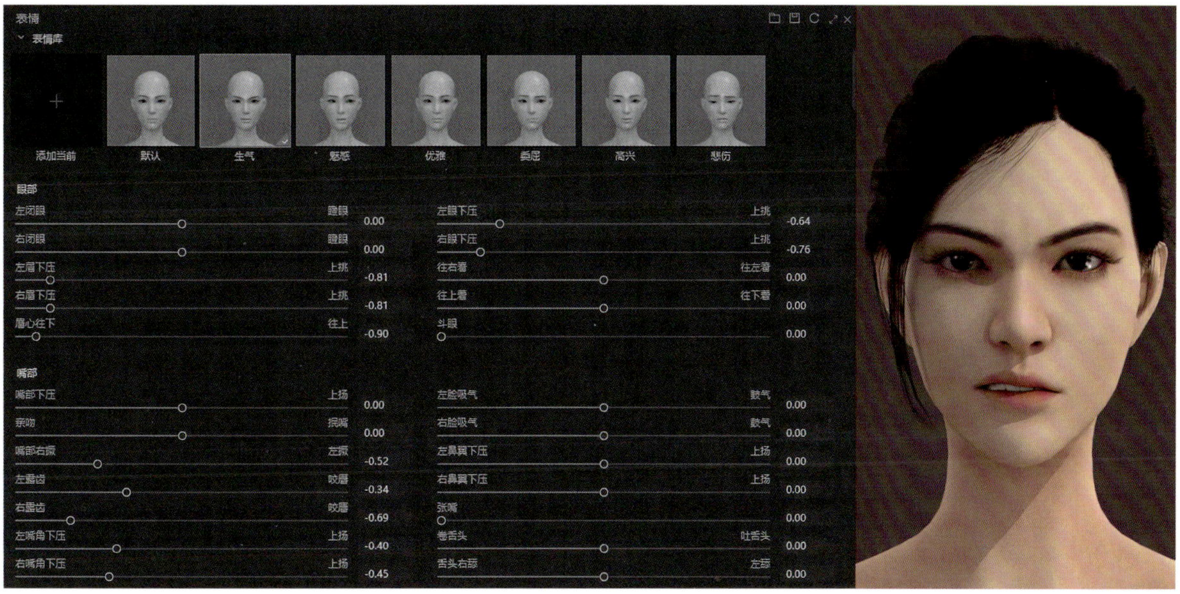

图1-4 系统自带生气表情

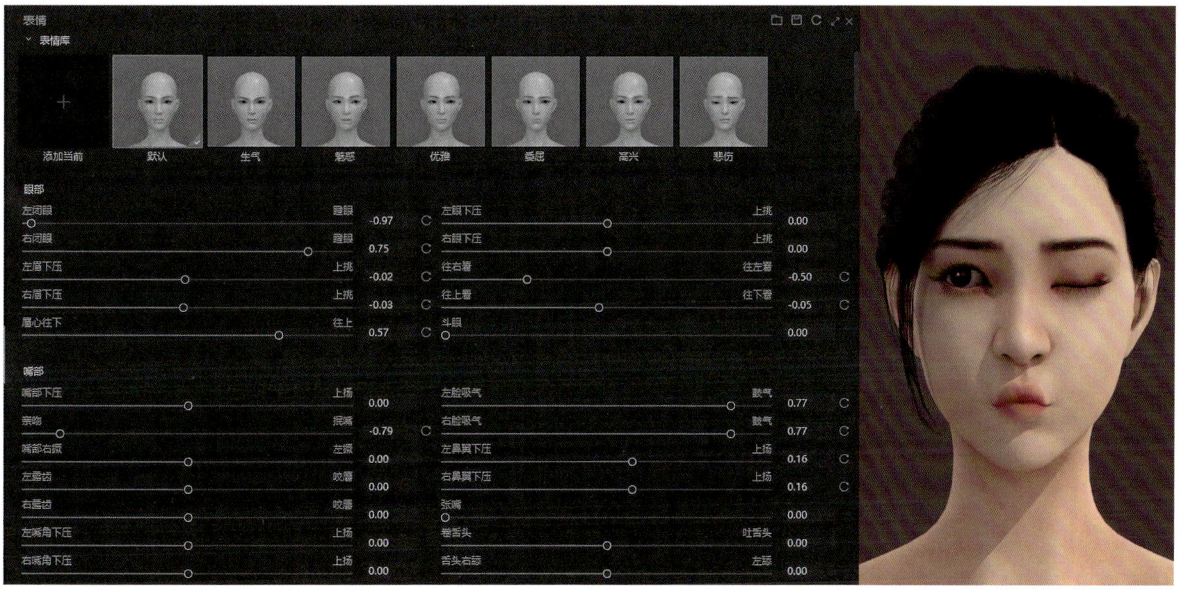

图1-5 在高兴表情上进行数据微调

三、模特妆造

在“资源库”中导入模特后，可以在 3D 视窗中点击模特脸部，进入“属性编辑窗口”并选择纹理小图进行编辑。可编辑的部位包括眼球、头发、鞋子、身体以及脸部（其中还包含牙齿）。需要注意的是，每个可编辑部位需具备透明贴图、法线贴图、置换贴图和纹理贴图才能更精准地进行修改（图 1-6、图 1-7）。在进行面部细节重塑时，设计师需特别注意平面纹理到立体模型的映射关系。由于二维纹理在三维空间中的投影转换，可能导致五官位置出现细微偏差，建议采用“分步验证-实时调整”的工作流程：首先进行关键点定位，随后通过多角度观察确认位置准确性，最后进行细节微调。这种迭代式的调整方法虽然需要多次尝试，但能确保最终效果达到预期标准。如果需要为模特脸部添加化妆效果，只需在纹理贴图上进行编辑即可。对于人脸贴图的设计，可以使用专业的图像处理软件如 Photoshop，也可以使用平板上的 Procreate 等工具进行创作。这一功能不仅为设计师提供了高度灵活的细节调整空间，还通过多层次的贴图支持，确保了模特表现的细腻度与真实感，从而更好地展现服装设计的整体效果。

3D妆发制作

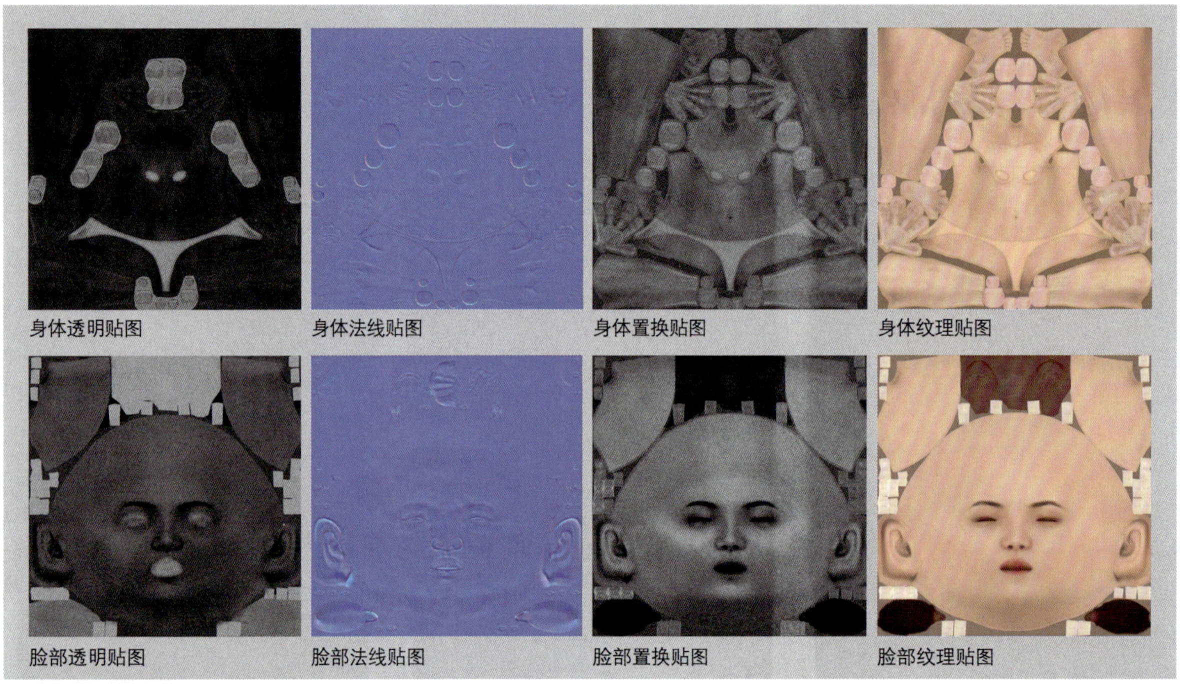

图1-6 各类功能贴图

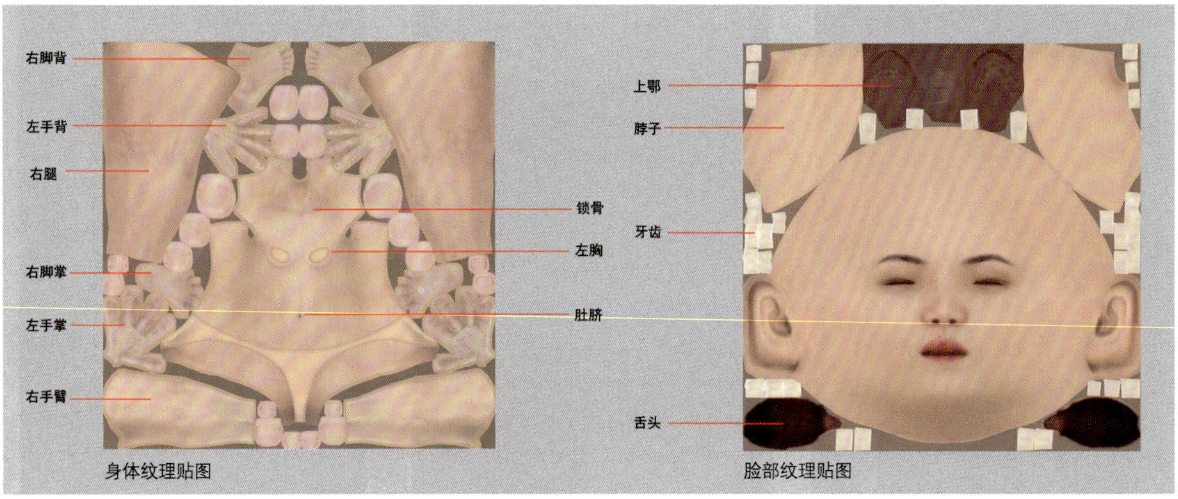

图1-7 身体与脸部具体部位标识图

在 Style3D 中，设计师不仅可以对人脸进行细节设计，还可以对手指和脚趾甲进行同样的美化操作。具体步骤如下：第一步，绘制纹理贴图。在绘图工具中打开“身体纹理贴图”，在需要美化的部位（如手指、脚趾甲等）进行上色或图案设计（图 1-8），完成后保存为 JPG 格式。第二步，导入模特。在 Style3D 软件的“资源库”中导入目标模特。第三步，上传纹理贴图。鼠标左键点击模特，在右侧“属性编辑视窗”中，选择“纹理”选项，点击“+”上传已美化的“身体纹理贴图”（图 1-9），完成制作。

需要注意的是，每个模特都有其专属的“身体纹理贴图”，不能通用，但身体部位在贴图中的位置是一致的。如果设计的是具象图案，为了达到理想效果需要多次尝试才能准确定位。这一功能为设计师提供了更丰富的细节表现空间，使模特整体形象更加精致与真实，从而更好地展现服装设计的完整效果。

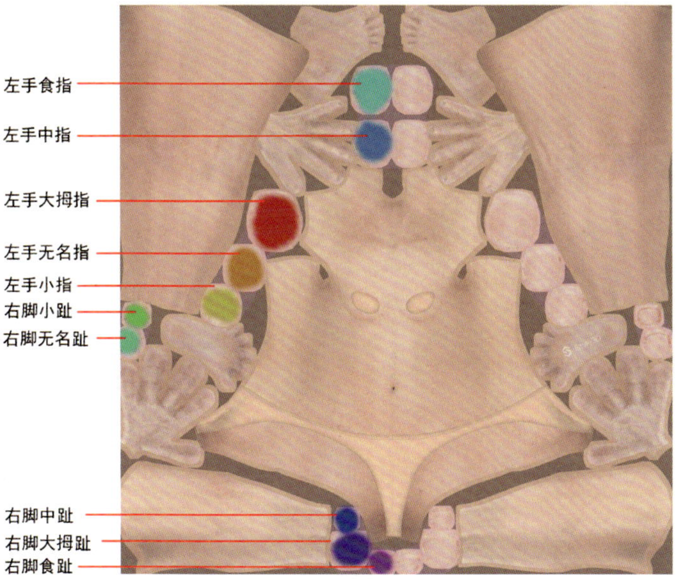

图1-8 手指与脚趾对应贴图位置

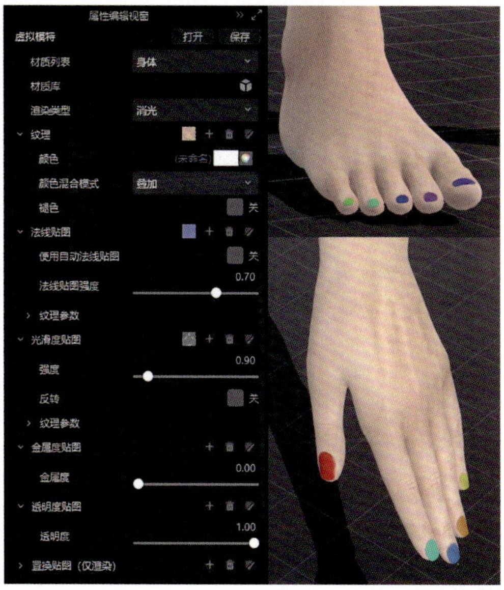

图1-9 纹理贴图设置

（一）欧洲模特妆容设计案例

本妆容以“机械姬”为美学原型，通过二元对立的结构语言解构传统朋克符号。

步骤一：将纹理贴图导入 Photoshop，用曲线均匀肤色。

步骤二：在纹理贴图中顺着眼睑，勾勒出凌厉粗重黑色上扬的眼线，为了更好表现出朋克的不羁与锐利，下眼睑的眼线需要比上眼线略粗。由于纹理贴图中的模特眼睛为闭眼状态，所以需要进行多次尝试，达到理想的效果（图 1-10、图 1-11）。

步骤三：在 3D 视窗中，在眼部和脸颊周围贴上金属亮片，可创意性使用“资源库”→“辅料”→“纽扣”作为脸部装饰。需要注意的是：使用辅料作为装饰品时，需要在模特旁边同时创建一块版片，将纽扣安置在版片上，选中纽扣，右键选择“智能转化为附件”，转化成功后，才能将辅料等作为装饰物使用。重复相同步骤，在“辅料”找到气眼，对模特的鼻环进行处理。

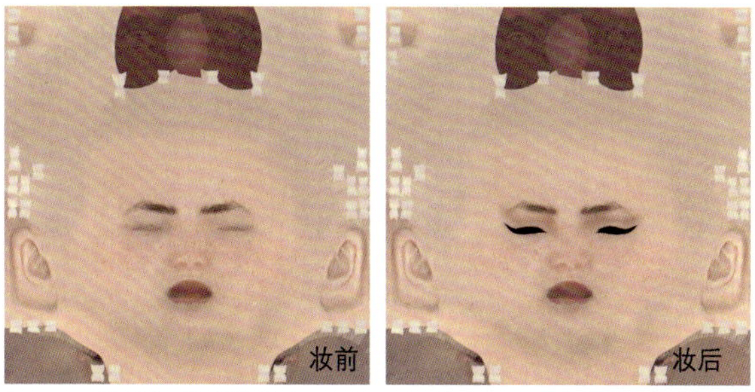

图1-10 妆前与妆后纹理贴图

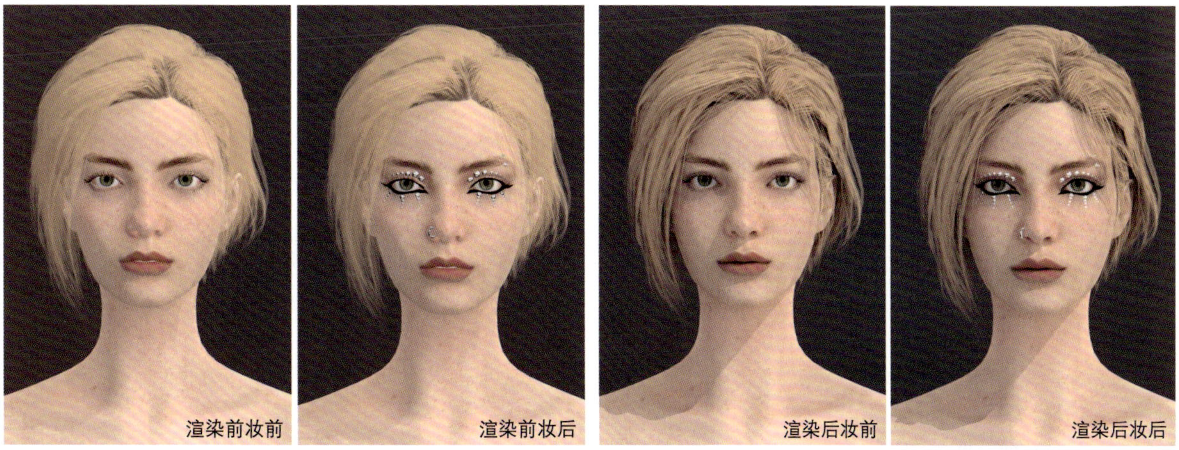

图1-11 渲染前后妆前与妆后对比图

（二）亚洲模特妆容设计案例

本妆容以唐代仕女图为蓝本，通过现代美学视角解构传统元素（图1-12、图1-13）。

步骤一：将纹理贴图导入Photoshop，用曲线均匀肤色。腮红采用“三晕染”技法：第一层以桃粉色打底，第二层叠加珊瑚橙，最后用玫瑰金高光提亮，在颧骨至太阳穴间形成渐变带，模拟唐代“斜红”妆效。眉心花纹突破传统平面绘制，运用3D浮雕笔刷勾勒花瓣轮廓，在光影下呈现立体绽放效果。

步骤二：在纹理贴图中顺着眼睑，勾勒出温柔的黑色眼线，同时在右眼下点出泪痣，唇妆采用“双色咬唇”技法，内圈使用绛红色唇釉，外缘过渡裸粉色，既保留"樱桃小口"的古典意象，又符合现代审美比例。

步骤三：在发型上，创意地使用布片缝纫手法，通过添加压力在布片上，设计出古代发髻的造型。同时利用毛发的贴图模仿唐代头饰造型，整体妆容既传承了唐代妆容的雍容气韵，又通过现代工艺实现了古典美学的当代转译。

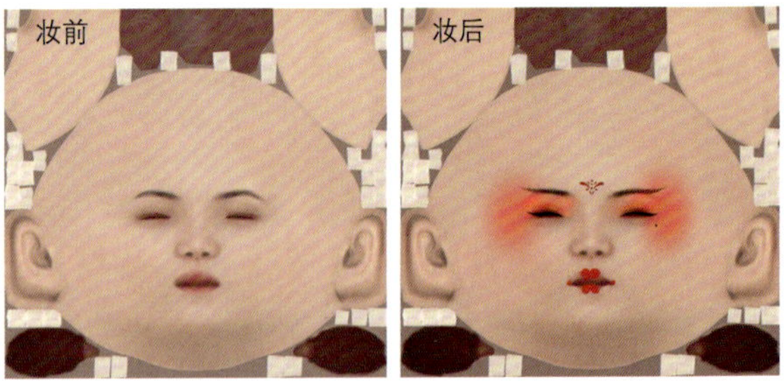

图1-12 妆前与妆后纹理贴图

图1-13 渲染前后妆前与妆后对比图

（三）非洲模特妆容设计案例

本妆容以非洲未来主义为灵感，通过颜色对撞重构传统非洲美学元素（图1-14、图1-15）。

步骤一：将纹理贴图导入Photoshop，用曲线均匀肤色。腮红突破传统脸颊平面涂抹，将粉色亮片渐变排列成放射性图案，在动态下产生全息光效。

步骤二：在纹理贴图中顺着眼睑，勾勒出黑色粗狂的

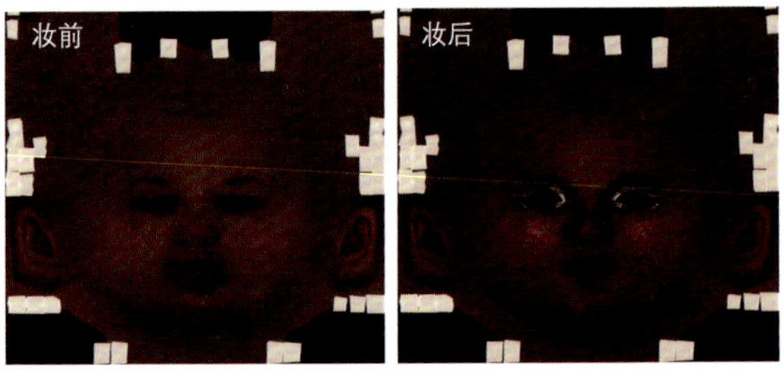

图1-14 妆前与妆后纹理贴图

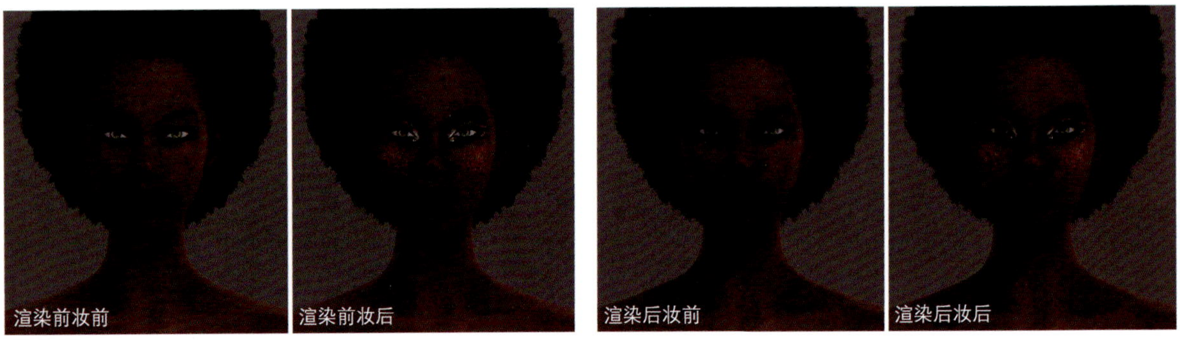

图1-15 渲染前后妆前与妆后对比图

眼线，眼部设计运用“光量子”概念：以细笔刷勾勒上扬眼线，眼头处叠加一定厚度的银色散粉，形成45°角的光束效果，与深巧克力肤色产生强烈对比。

步骤三：提取唇部本色，同时在唇峰上使用点状高光模仿使用透明唇釉妆效，既能保留原生唇色，又能提升一定光泽度。整体妆容很好地表现出颜色明暗带来的色彩碰撞。

四、模特姿势

（一）站姿

在模特换姿势的过程中，必须确保开启模拟状态（3D视窗右上角的蓝色圆圈处于开启状态），然后在“属性编辑视窗”中点击“姿势”，选择所需的姿势进行调整（图1-16）。如果不启动模拟状态直接更换姿势，可能会导致服装出现穿模现象，影响展示效果。不同的站姿能够传递出多样化的情感与个性特征，设计师可以根据服装风格与展示目标，选择最合适的站姿，以增强服装的表现力与情感共鸣。通过灵活运用这些站姿，设计师能够创造出更具吸引力和感染力的服装展示效果，从而更好地传达设计理念与品牌形象。

图1-16 模特站姿

（二）多形态姿势

在Style3D的资源库中，配备了丰富的模特姿态数据库，包含标准站姿、动态坐姿（图1-17）、深蹲姿势及各类运动姿态（图1-18）等多种预设方案。设计师可根据服装款式的风格定位，智能匹配最适宜的展示姿态。完成服装建模后，建议采用多角度观察法进行细节优化，重点确认以下三个关键视角：正面视角，检查服装对称性与整体廓形；45度斜侧视角，评估面料垂坠感与褶皱分布；侧面视角，确认服装长度比例与立体效果。

以裙装设计为例，当模特采用坐姿时，可通过调整裙摆位置展现不同的设计效果：将裙摆自然垂落于膝盖前方，可呈现优雅知性的气质；而将裙摆收束于膝盖上方，则能展现活泼俏皮的风格。这种通过姿态变化实现的多样化展示，不仅能够充分展现服装的设计细节，还能为款式开发提供更多创意可能。

图1-17 模特坐姿

图1-18 模特深蹲姿势及运动姿态

（三）个性化姿势

在虚拟模特姿态设计方面，Style3D提供了两种控制模式：基础模式和专业模式。基础模式下，设计师可直接调用预设的姿势库，快速获得标准化的展示姿态；专业模式则支持通过骨骼系统进行精细化控制，实现完全自定义的姿态设计。骨骼控制系统主要分X轴Y轴和Z轴：Y轴（绿色），控制关节的垂直运动；X轴（红色），调节左右方向角度；Z轴（蓝色），调整前后方向位置（图1-19）。

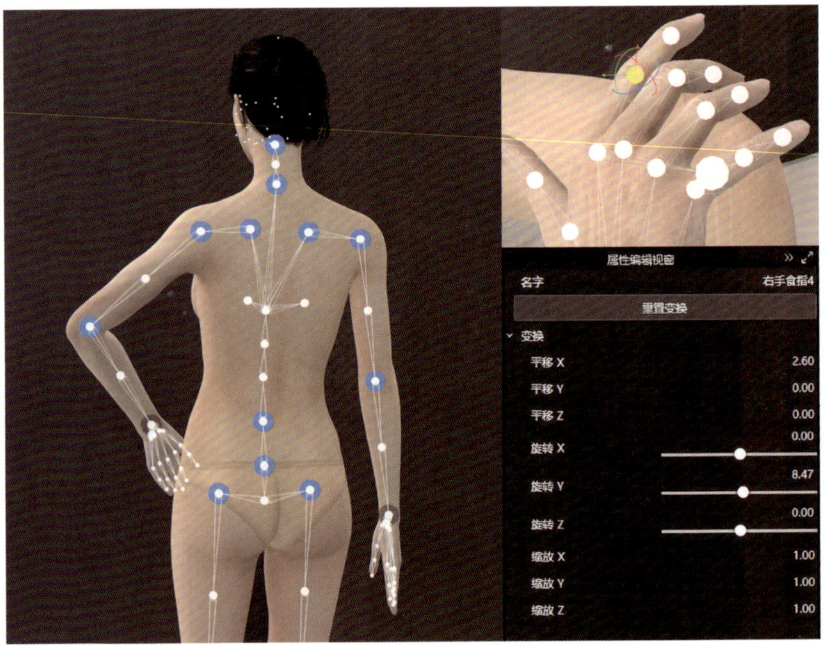

图1-19 可调节骨骼系统图

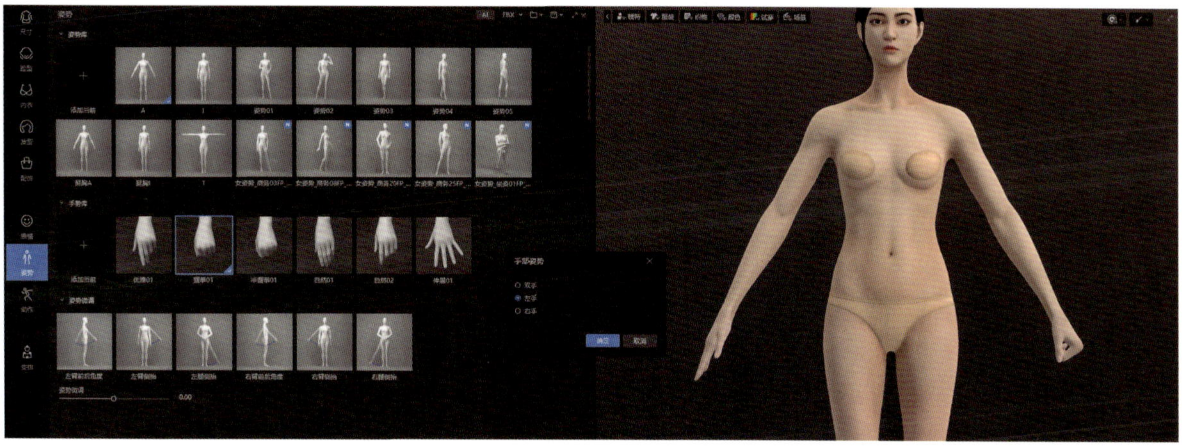

图1-20 模特手势调整图

模特的手势也能根据要求进行修改，在此功能中，可同时选择两手相同姿势，也可以单独选择（图1-20）。一般情况下，可以先挑选系统中现有的姿势，然后根据服装款式需求，对模特局部细节进行调整。当需要设计一些夸张的模特造型时，可以通过关闭骨骼旋转角度限制调整。

五、模特测量线

在数字化服装设计与制版流程中，模特测量线系统作为确保服装精准度与工艺可执行性的核心工具，通过3D视窗左上角的“模特”菜单即可激活显示功能，将关键尺寸参考线实时投影于虚拟模特体表，为款式开发提供精确的长度控制基准（图1-21）。这一系统不仅为裁剪基准线、关键缝制位置和工艺处理区域提供技术参考，更作为设计意图的视觉化表达，在统一技术团队专业术语、确保跨部门沟通准确性方面发挥着重要作用。使用测量线系统时需遵循标准化操作规范，包括确认统一的测量线定义标准、明确各部位测量起止点、建立测量数据对照表等，同时要特别注意测量准确性保障措施，如进行身高测量时需移除高跟鞋、确保模特处于标准站立姿态、检查测量线贴合度等。由于不同虚拟软件在测量线设置上可能存在差异，在项目启动前需建立统一的测量标准文档，确保团队对测量规范达成共识，从而实现设计开发流程的精准控制与高效协作。

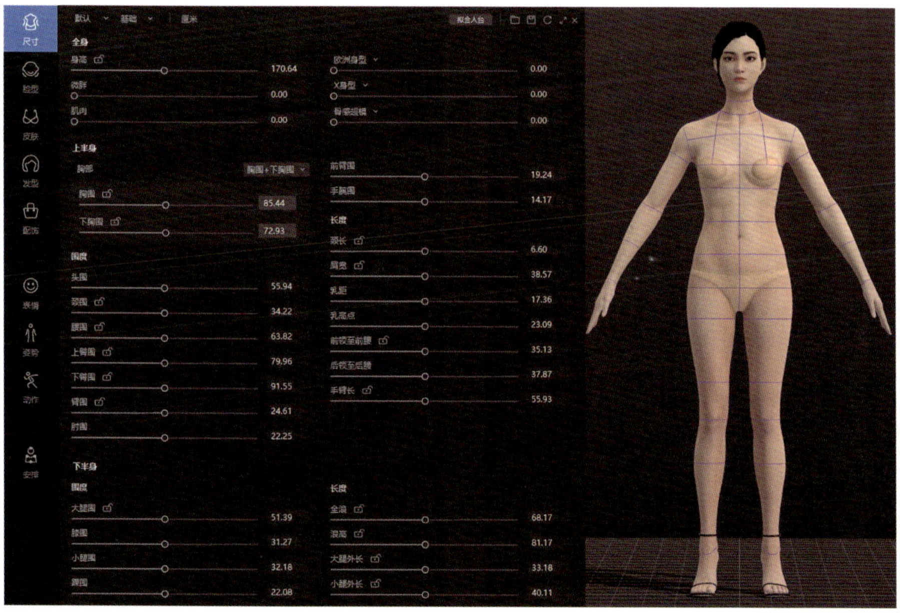

图1-21 模特测量线

Style3D Studio开始栏编辑模特及服装测量工具详解

调节虚拟模特尺寸

另一个非常重要的功能键就是"安排点"，在功能栏"文件"选项中，选择"导入"服装版片（图1-22）。人模身上的蓝色原点为"安排点"，是平面版片能成功链接在一起的基础。需要注意的是，平面版片会根据"安排点"来形成3D效果，而不是根据人模身体形成3D效果。

模特试穿与安排点

两块版片所需要缝合地方相对为横线条时（图1-23），表示版片可以缝制成功。当遇到复杂版片缝纫时，版片局部会有一定的褶皱和不平整，这个并不是由于缝纫错误所造成的，需要通过"菜单工具栏"中的"选择/移动"拽拉面料，使得缝制后的版片平整。

当两块版片相对为交叉线条（图1-24）时，表示版片缝制失败，版片会在模特身上打褶甚至滑落。可以通过先行安排在3D场景，再查看3D场景缝纫线效果，确认缝纫线效果的正确性，如有缝纫线交叉，可使用"编辑缝纫线"，右击菜单的"调换缝纫线"调整。

图1-22 版片上身图

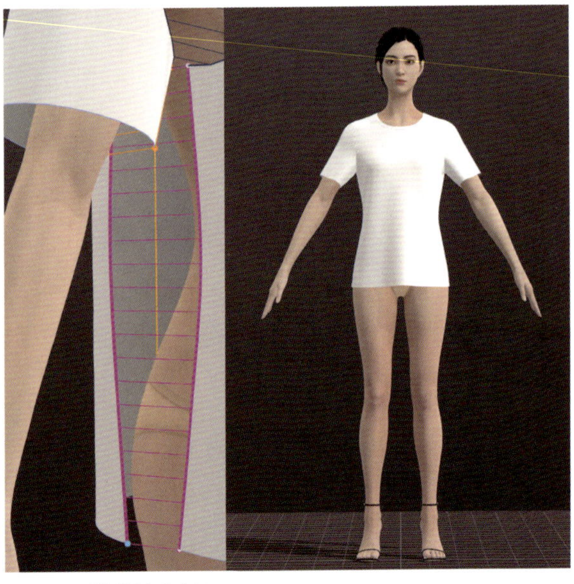

图1-23 版片缝制成功图

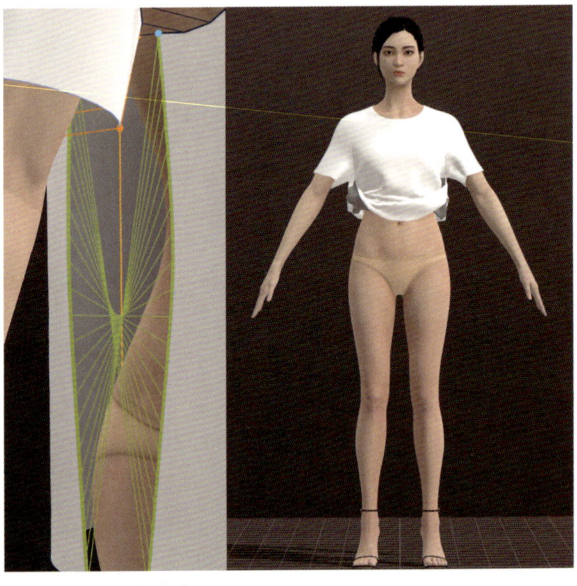

图1-24 版片缝制失败图

六、模特试穿

图1-25 紧身长袖针织连衣裙所受到的正常压力

模特试穿功能是虚拟服装设计的核心环节，通过 3D 实时渲染技术，可精准模拟面料垂坠、褶皱分布及动态效果。该功能支持多角度观察服装合体度，快速验证设计可行性，显著降低实物样衣制作成本，提升设计效率，是数字化服装开发流程中不可或缺的重要工具。可以在 3D 视窗左上方的功能键中进入。在试穿中有四个选项：人体受压分析、服装应力分析、服装形变分析、服装隔热分析。如需看模特动态时候的服装与人体之间的关系，在 3D 视窗右上角打开圆形图标开启模拟功能。

（一）人体受压分析

人体受压分析显示人体受到面料的压力大小。通过检查分布在虚拟模特身体和服装之间的压力，了解在虚拟模特不同部位上压力的变化水平和分布情况。人体受压分析功能有助于研究在 3D 试衣模拟中服装与身体之间的互动，优化服装的合身度和舒适性。针对特定群体如运动员、残障人士等定制服装而言，具有显著的益处。通过以下实验我们可以看到，图 1-25 为紧身长袖针织连衣裙所受到的正常压力，图 1-26 为局部版片调整后，缩短前片臀部至下摆两侧的尺寸，可以看到臀部受到面料的压力逐渐变强，从蓝绿色变为红色。图 1-27 调整整件衣服面料的经纬向缩率后，连衣裙对人体各个部位压力陡增，特别是胸、臀、肩及能动的肘关节部位。

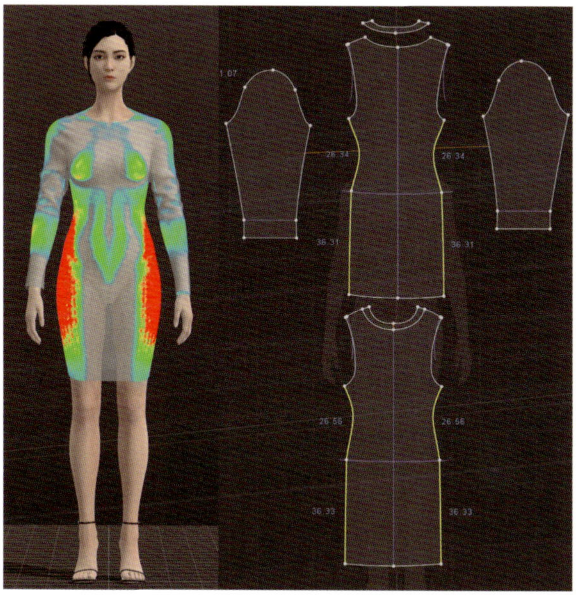

图1-26 局部调整版片后的受压情况

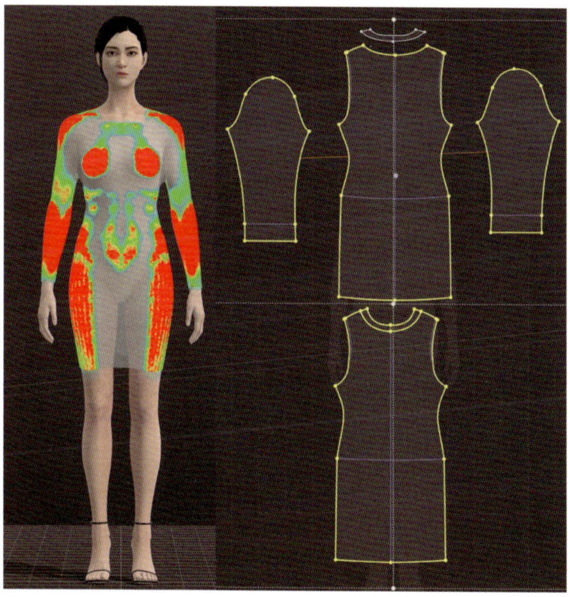

图1-27 调整经纬向缩率后的受压情况

（二）服装应力分析

服装的应力指的是在外部力作用下变形时产生的内部力。主要显示服装受到外力的大小。这个功能主要体现在人体动态下与服装之间的关系。如图1-28所示，同款服装，人体的不同姿势对服装牵拉的程度不同，图1-29很清楚地显示了服装局部受到的拉力的程度，这些数值可供设计师审版时作为参考数据。

图1-28 服装应力分析

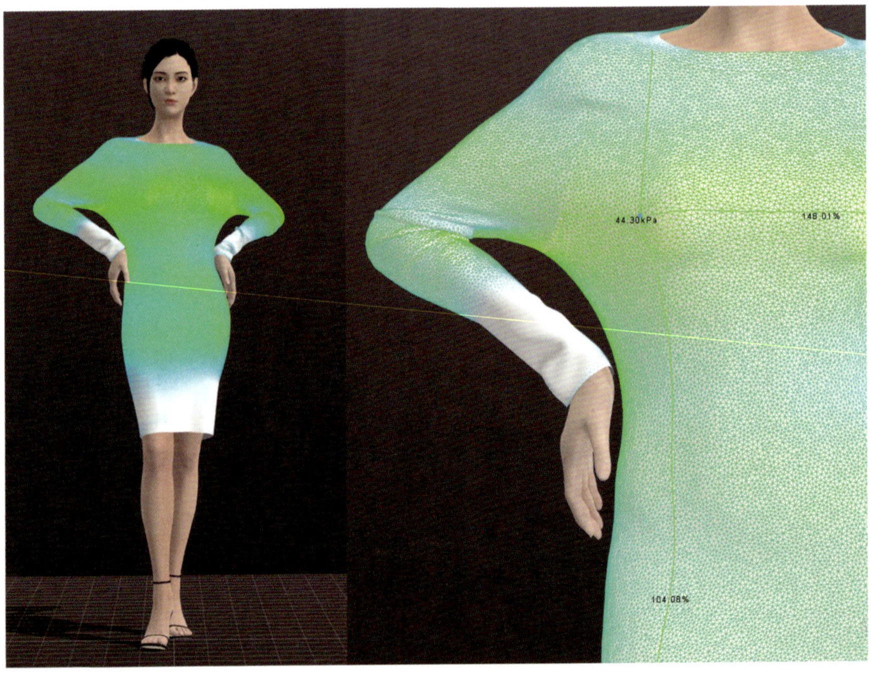

图1-29 姿势牵拉面料应力图

（三）服装形变分析

服装形变是指服装由于受力所产生的拉伸大小，主要体现在各个网格点之间的拉伸比率，显示服装所产生的拉伸量。设计师可以预测面料在穿着时拉伸和收缩情况，确保关键部位不会过度紧绷或松垮，从而提高合身度。同时，还能优化面料选择，增强穿着的舒适性。如图1-30所示，当在服装腰部加入抽绳工艺后，服装各个部位的拉伸比率都受到了影响，特别是臀围，同时可以发现，袖笼部位由于腰围的调整同样也受到了影响。需要注意的是，当服装形状发生改变时，可能是由于模特穿着不到位而引起的拉伸，并不是服装受到其他部位拉伸的影响，这两种情况需要区别对待。

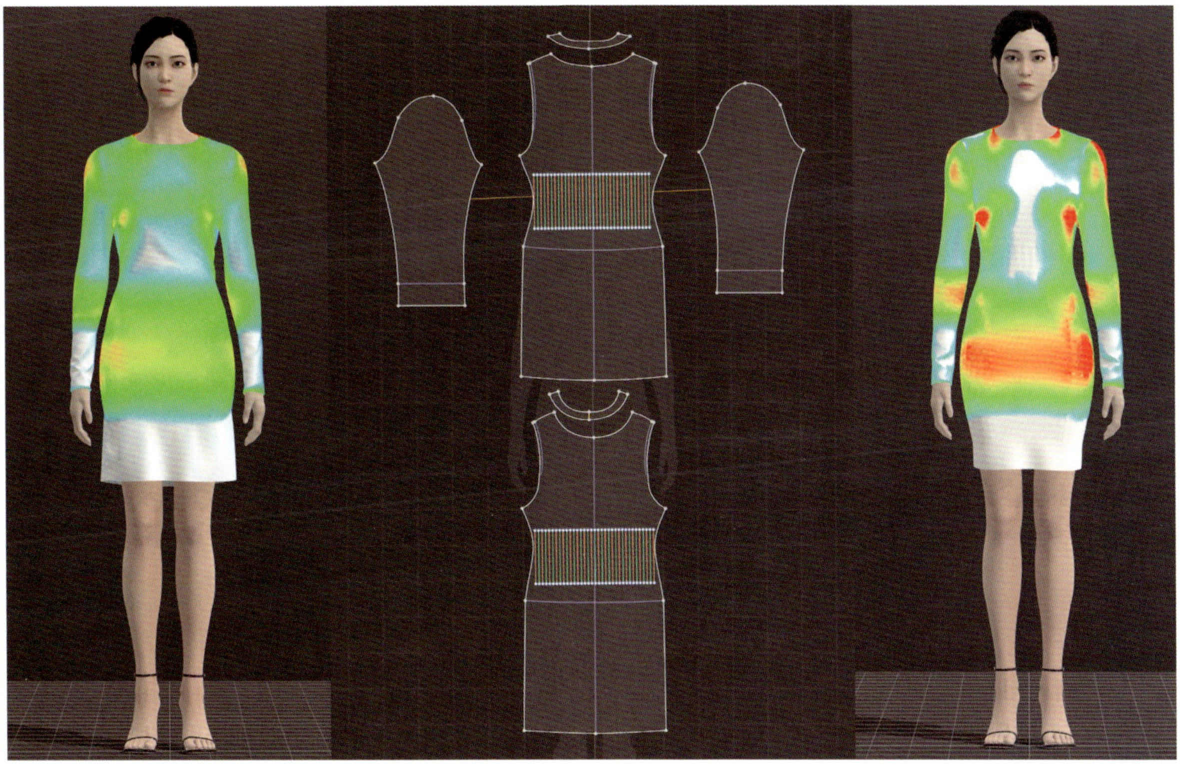

图1-30 服装形变所产生的拉伸力对比图

（四）服装隔热分析

服装隔热分析是评估服装热舒适性的关键技术手段，主要通过模拟计算服装系统的热阻值来量化其隔热性能。这项分析使设计师能够精准预测服装在不同环境条件下的保温效果，从而优化面料组合与结构设计，确保关键部位的热量分布均衡，显著提升服装的穿着舒适性。通过隔热分析实验可以观察到，局部设计调整会产生显著的热传导差异（图1-31）。通过对比紧身裙（图1-31a）、宽松上衣（图1- 31c）和羽绒服（图1- 31e）的隔热效果看到，面料越贴身，体表温度越高，特别是在羽绒服的案例中，由于是H型款式，虽然羽绒服材质较厚，相比较之下，腹部体表温度甚至比紧身衣还低。

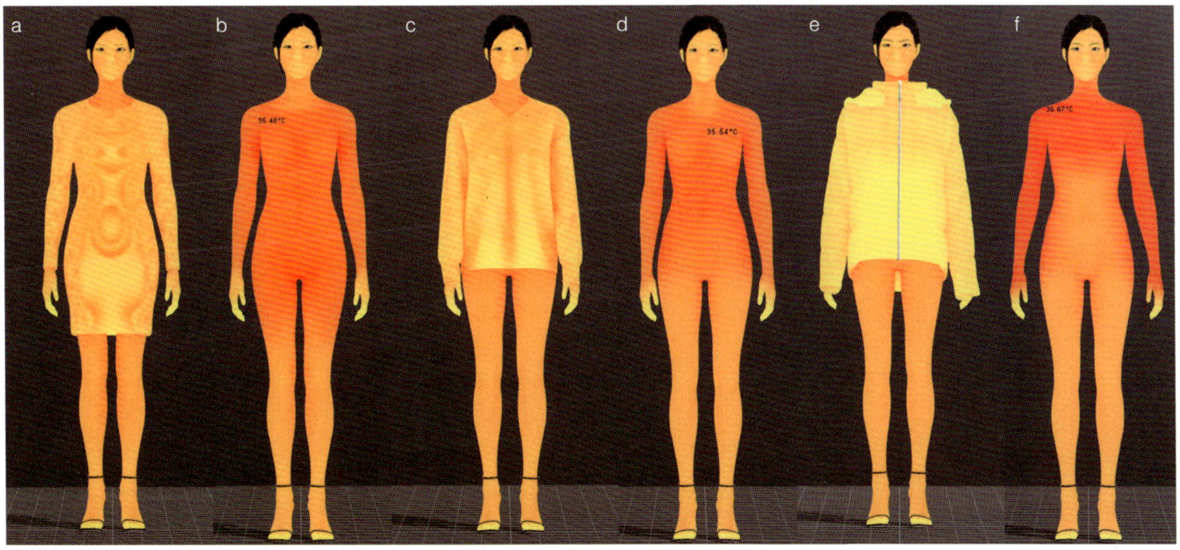

图1-31 服装隔热分析

第三节 iCreate智能设计模块

Style3D iCreate 是一款专注赋能时尚纺织行业设计创作与商品营销的轻量化 AI 工具，集智能创作与数字营销于一体。该平台采用模块化架构，主要包含三大功能矩阵：1. AI 营销模块。主要包括：面料试衣，实现面料与款式的智能匹配；AI 换脸，支持模特面部特征的快速替换；AI 换景，提供多样化的虚拟拍摄场景。2. AI 创作模块。主要包括：线稿转换，支持“线稿－成款”双向转换；智能设计，包含融合创款、以款生款等创新功能；图案开发，提供 AI 花型生成与优化；色彩方案，支持系列配色与局部色彩替换；文本驱动，实现“以文生款”的创新设计模式。3. 实验室模块。主要以 AI 试衣功能为主。该平台通过 AI 技术创新，为时尚设计提供从创意到营销的全流程数字化解决方案。

Style3D AI–iCreate 功能详解

一、界面介绍

iCreate 界面主要有四个主要功能区，从左到右分别是：功能选择区、AI 输出显示功能区、创作历史记录区、图片资料输入区（图1–32）。基本操作流程就是在左边选择需要 AI 执行的功能，在右边上传图片和稿件，在中间查看生成结果。

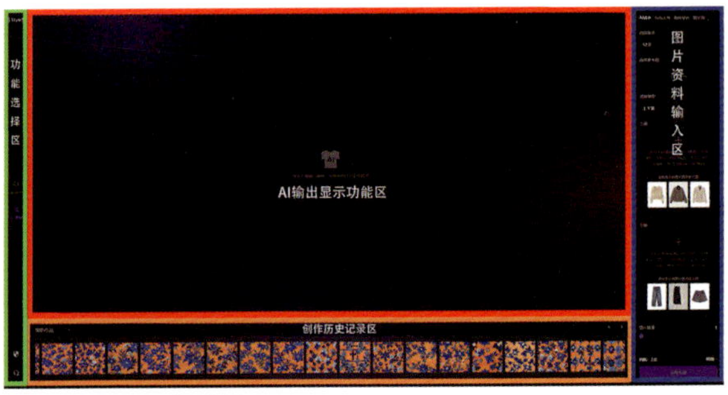

图1–32 iCreate操作界面

二、面料试衣

面料试衣功能的核心目标是快速将面料转化为成衣效果图。在使用该功能时，第一步，在“选择生成的类别”中选定目标类别，如“成衣”或“箱包”；第二步，根据面料特性选择“素色款”或“印花款”；第三步，上传面料图和款式图，系统会自动将两者结合生成设计稿（图1–33）。上传的图片支持多种格式，包括 JPG、JPEG、PNG 和 WEBP 等。为了确保最佳效果，建议选择面料扫描图或矢量图，并尽量避免使用全黑面料图，以便系统更清晰地识别和合成图像。在选择款式图时，应优先挑选外轮廓清晰、肌理褶皱较为简单的款式，同时注意面料图与款式图的比例协调，以确保 AI 生成的效果图更加真实

图1–33 面料试衣图

自然。生成的结果通常是1-8张图片，这些图片在设计变化上差异较小，主要体现在图像锐化程度的不同，建议每次生成一张。面料试衣功能不仅操作简便，还能显著提升设计效率，助力设计师快速实现创意构想。

在面料试衣功能中，设计师不仅可以选择“素色款”进行试衣，还可以选择“印花款”快速生成效果图。从使用便捷性的角度来看，iCreate功能相较于传统的Photoshop合成具有显著优势：其操作更加高效，对用户的电脑操作技能和硬件配置要求较低，能够快速生成高质量的试衣效果，充分体现了iCreate在响应速度上的卓越表现。与此同时，iCreate在印花款试衣功能上提供了直观的操作体验，未来有望进一步优化印花位置的调整功能，带来更加灵活的设计空间。

三、AI换脸

在AI换脸功能中（图1-34），模特库资源极为丰富，涵盖了男女老少各个年龄段的人脸，同时提供了亚洲、欧洲、非洲等不同地域和肤色的多样化选择。截至2024年底，已有超过六百款人脸可供替换（图1-35），充分满足多样化的设计需求。此外，AI换脸还支持自定义模特功能，用户可根据提示上传自定义人脸图，并选择性别和地域等基础信息。更重要的是，系统提供了

图1-34 AI换脸图

图1-35 人脸库

三种不同的脸部优化模式："脸部1.0"专注于面部融合度，确保人脸与身体的自然衔接；"脸部2.0"强调面部妆容的一致性，使整体形象更加协调；而"脸部3.0"则注重皮肤质感与多角度的一致性，适用于更高要求的场景。在"脸部3.0"模式下，用户还可以进一步细化表情选项，如"微笑""露齿笑""自然"和"无"四种选择，并调整"倾向"性设置，如"倾向于3D模特"或"倾向于参考模特图"，从而实现更精准的个性化定制。图1-34b为换脸前系统自带模特，图1-34c为自定义换脸后效果，可以看出这一功能不仅提升了换脸的真实感和灵活性，也为设计师提供了更高效、更专业的展示工具。

四、AI换景

AI换景功能的核心价值在于快速实现模特与场景的替换，尤其是在虚拟服装设计完成后，能够高效解决虚拟场景制作耗时的问题。在设计拍摄或走秀方案的前期阶段，AI换景可以迅速将现有模特动态图与理想场景结合，大幅提升效率。操作流程简单直观：首先选择一张符合要求的模特图，随后挑选一张理想的场景图，最后点击"立即生成"即可完成替换（图1-36）。需要注意的是，在选择场景图时，建议优先挑选带有模特的场景图，且两张模特图的姿势和光源尽量相似，以确保生成的效果更加自然和谐。

由于上传的场景图中模特缺乏脚部细节，AI在合成过程中延伸了走道长度，并在模特脚部周围添加了与背景风格一致的石块元素，同时优化了背景中山石和沙地的细节表现。这一功能不仅节省了大量时间，还为设计师提供了更加真实、细腻的场景展示效果，助力设计方案的快速呈现与优化。需要注意的是，如果上传的场景图中没有人像，仅为单一风景图，AI在合成时可能无法精准调整模特在画面中的比例和位置，导致模特出现悬浮于背景上方或生硬地嵌入局部位置的情况。

五、线稿生款

线稿生款的功能主要是在原有设计稿上进行延伸细节设计，在主体不变的基础上，快速为款式添加肌理和颜色，同时增加款式具体细节，在短时间内为设计师提供更多设计方案。操作步骤简单，首先选择"生成的类目"，类目有男装、女装、男童、女童、女士内衣/家居服、男士内衣/家居服、箱包、配饰。然后选择对应的款式，主要分为"上装""下装"和"套装"三个部分。其中"上装"选项有polo衫、T恤、背心吊带、衬衫、短外套、风衣、蕾丝衫、雪纺衫、马夹、毛呢外套、毛衣、毛针织衫、棉衣、抹胸、派克服、皮草、皮衣、防晒服、卫衣、西装、羊绒衫、羽绒服、连体衣、连衣裙。"下装"选项有半身裙、打底裤、棉裤、羽绒裤、西装裤、正装裤、休闲裤、牛仔裤、卫裤、连体裤。"套装"选项有时尚套装、休闲运动套装、西服套装。

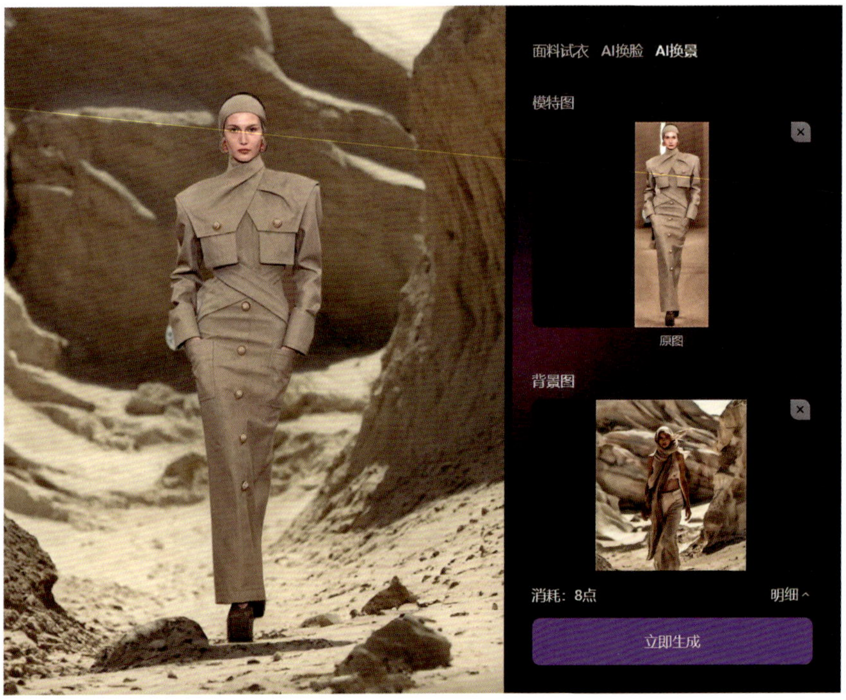

图1-36 AI换景图

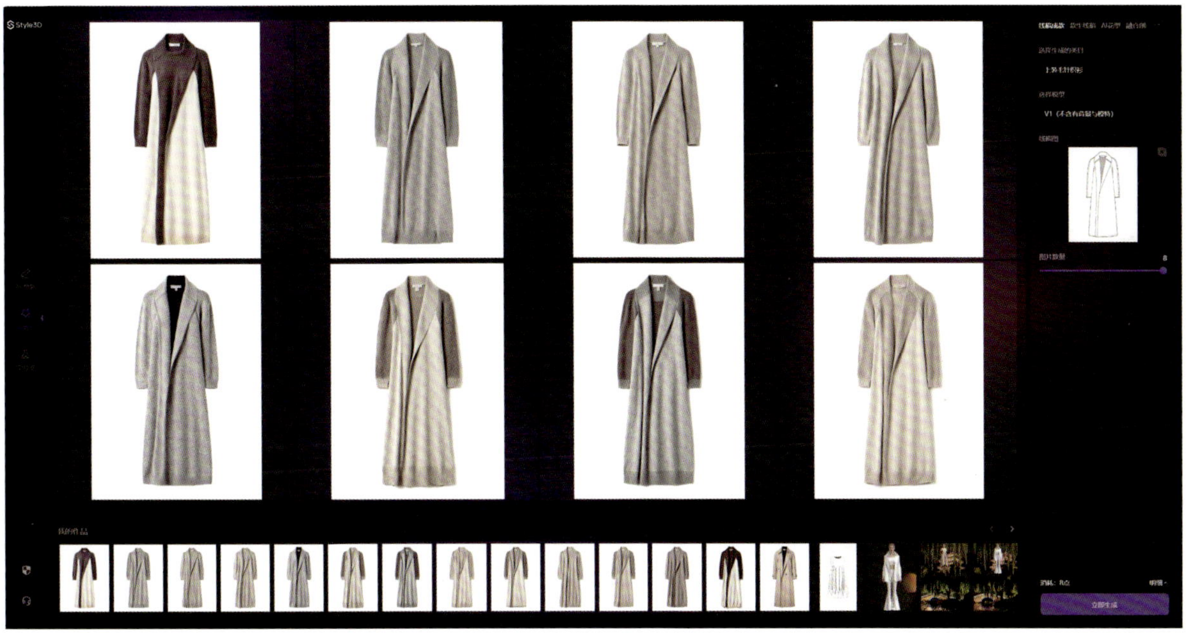

图1-37 线稿生款案例图一

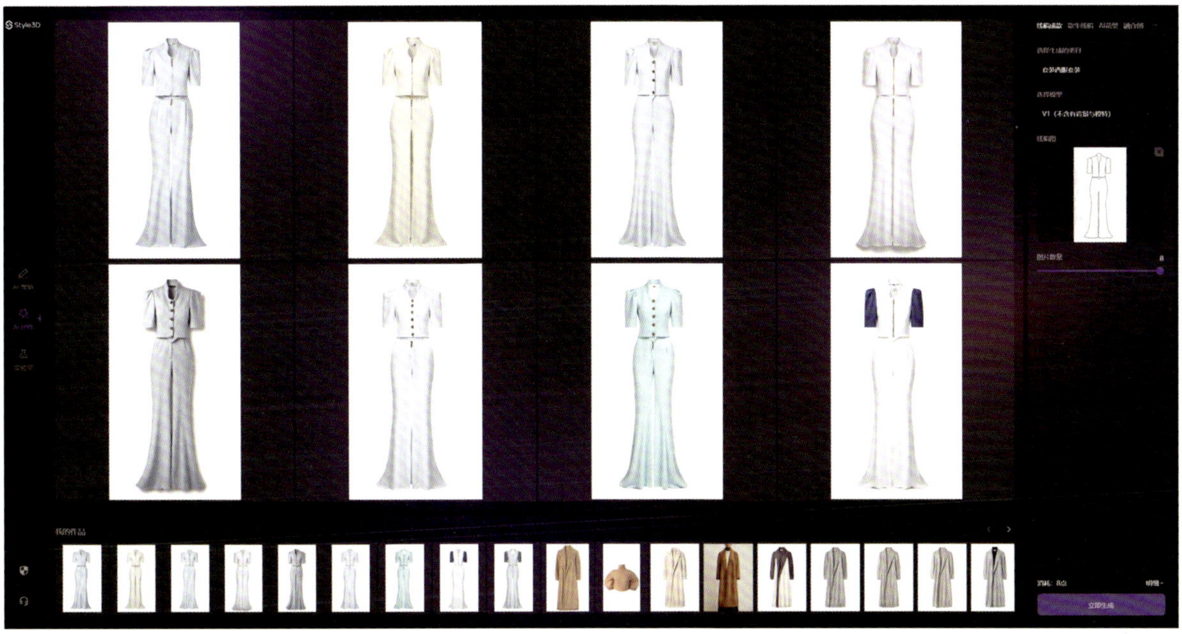

图1-38 线稿生款案例图二

在线稿生款过程中，创意性勾选内容可激发 AI 生成意外效果。如图 1-37 所示，上传黑白大衣线稿后，选择毛衫类别而非大衣，系统据此为线稿添加肌理和颜色，生成长款针织开衫。同时，AI 自动将西装领改为翻领，并将插肩袖分为两个区域，填充不同配色。袖口处添加毛衫特征的罗纹结构，为款式增添惊喜。这一过程展示了 AI 如何根据所选品类特征，智能调整设计细节，创造出独特且符合品类特点的款式。

使用此功能时，可随时上传阶段性设计线稿，包括细节不明确的草图，为 AI 预留创作空间。如图 1-38 所示，上传一套初期阶段的上下装线稿，下装未明确裆部细节，未指明是裤子还是裙子，旨在让 AI 提供更多设计方案。AI 生成了八个选项，其中上衣增加了前门襟扣子、拉链和肩部褶裥等细节；下装则提供了长裙和喇叭裤两

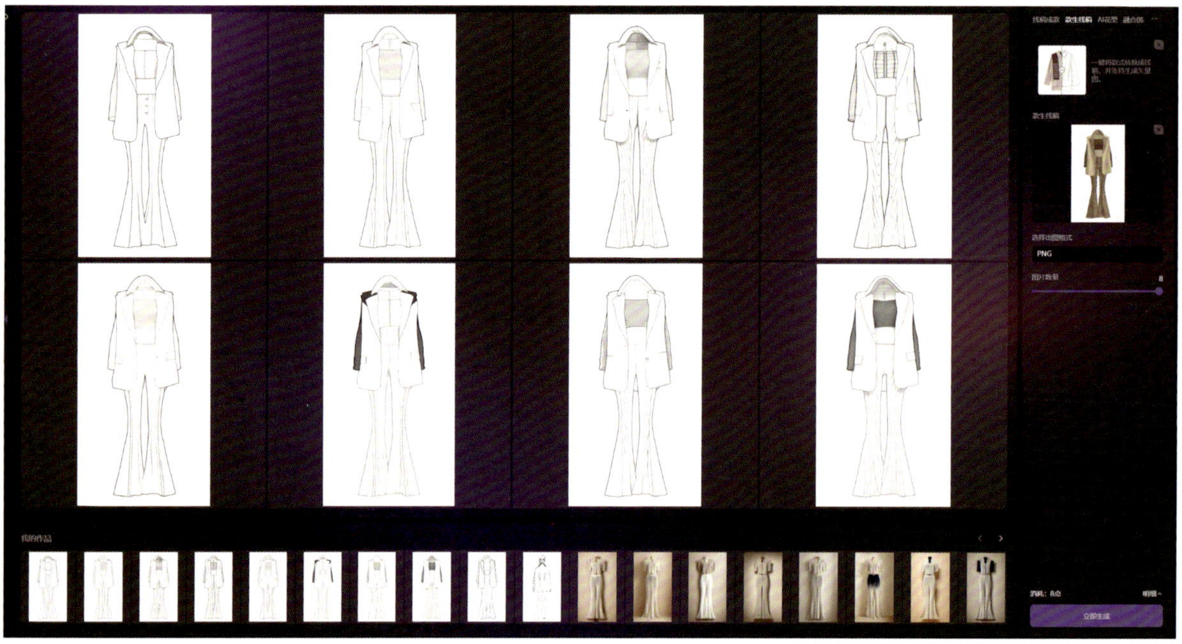

图1-39 款生线稿图

种方案。

六、款生线稿

款生线稿功能旨在帮助设计师深入挖掘款式可能性，提供多细节修改方案。上传图片时，可选择平铺的真实服装图片或已完成的设计线稿，AI将根据服装外轮廓和所选品类生成线稿。如图1-39所示，上传了一套复杂叠穿款式：无袖西装背心、一字肩长袖漏脐装和高腰紧身喇叭裤。AI生成了八款不同线稿，包括调整分割线、添加前门襟细节或改变局部肌理等，为设计师提供针对性参考。值得注意的是，受款式风格或图片清晰度影响，AI生成的线稿可能与原图略有差异。

七、AI花型

AI花型生成功能是设计服装印花过程中不可或缺的一个环节。操作也非常简单，主要分为两种方法。第一种为“文字描述”法，在文本框内输入一千字内的中文描述词语，输入指令的逻辑与Midjourney相似，例如图案风格、主色调、细节内容等。如图1-40所示，输入的关键词为：热带植物、橙色、几何图形、交叉排

图1-40 AI花型设计方法一

图1-41 AI花型设计方法二

图1-42 AI花型设计方法三

列。可以看到，AI 通过自有的花型库分析组合，生成相应的图案设计。

第二种方法为“文字描述”+“参考图案”法，在重复第一步骤输入关键词后，再上传一张理想中的图案设计，AI 会根据文字加图片的算法，将两者结合进行图片生成。可以看到生成的图案的排列组合，参照了上传的图片，同时对主体花瓣的形状进行微调（图 1-41）。

设计一款创意服装印花的过程开始于灵感的搜集。第一步，确定印花的主题，比如自然、抽象艺术或都市文化。第二步，进行市场调研和趋势分析，以确保设计符合目标受众的审美。第三步，通过手绘或数字软件，创作出独特的图案草图，这些图案需反映出设计理念和风格。第四步，在草图基础上，选择色彩搭配，考虑色彩对情绪和氛围的影响。第五步，利用专业软件 Photoshop 进行图案的精细化制作，确保图案的分辨率和尺寸适合服装打印。第六步，制作印花并进行试穿，评估印花在不同面料和服装款式上的效果，根据反馈进行必要的调整，以确保最终设计的完美呈现。AI 花型设计能在不同阶段的设计流程中帮助到设计师，可以在前期灵感搜集时，也可以在中期结合流行色组合配色时，还可以在后期图案设计过程中，对四方连续图案进行优化改造。

在熟悉 AI 印花设计方法后，尝试进一步对已经生成的图案进行调整。主要通过修改输入的关键词对图像进行调整。对 AI 提出要求，缩小搜索范围，精确完成从文字到图像的转化过程。如图 1-42 所示，添加了蓝色植物、浮世绘、鹦鹉三个名词。通过生成的图片发现，AI 仅对蓝色植物这一关键词进行了反应。其余两个描述词语，并没有在图案中找到相应的元素。通过这个尝试，可以发现目前 AI 自由图案数据库的资料有限，并没有标识为“浮世绘”和“鹦鹉”的标签，所以 AI 无法对两个指令进行反应生成。相信随着用户量的提升，数据标签也会随之积累，这个问题也自然会得到解决。在 AI 花型功能中，用户可以通过勾选“四方循环”键，轻松实现四方连续图案的设计。这一功能在创意设计的前期阶段，显著降低了开发成本，尤其是在设计师寻找灵感和前期试样阶段，能够快速响应需求，极大地提升了设计流程的流畅性和效率，为创意实现提供了强有力的支持。

八、融合创款

融合创款的核心原理是在保留第一张图款式廓形的基础上，将第二张图中的颜色、面料及设计元素巧妙地融入其中，从而创造出兼具两者特色的全新设计。这一过程不仅保留了原始款式的结构特点，还通过元素的整合与优化，赋予设计更多的创意可能性和视觉吸引力。使用时，只需同时上传款式图和参考图，AI 便会自动生成一系列融合款式（图 1-43）。融合款式的细节主要来源于款式图，而颜色则主要取自参考图。因此，为了生成更富创意且符合预期的设计，建议在上传图片前有意识地对图片进行整理和优化，以确保最终效果更加理想。这一功能不仅提升了设计效率，还为创意探索提供了更多可能性。

九、系列配色

在 Style3D 软件中，系列配色为设计工作带来快速生成多种配色方案的功能，系统会根据上传的款式颜色生成八个相同色阶的新配色方案（图 1-44）。这种高效性节省了设计师在色彩搭配上的时间和精力，提高了设计效率，帮助设计师突破固有思维，探索更多可能性。这种多样化的配色选择为设计提供了更广阔的创意空间。系列配色功能的易用性也是一大优势。即使没有专业的色彩知识，用户也能轻松上手操作。这使得更多非专业人员也能参与到设计中来，进一步拓展了设计的应用范围。

十、系列局部替换

局部替换功能的核心价值在于快速选中并修改服装款式的特定部位，AI 能够根据选中的区域自动生成多样化的设计方案。在服装设计中，局部替换是一种激发创意的有效方式，尤其当设计师面临灵感枯竭时，通过对服装款式的局部调整，能够打破常规思维，为设计注入新的活力。AI 为设计师提供了丰富的可能性，站在市场营销的角度上看，局部替换的设计方式可以让消费者更加积极地参与到服装的设计过程中。一些品牌推出了可自行替换局部部件的服装，消费者可以根据自己的心情、场合或者个

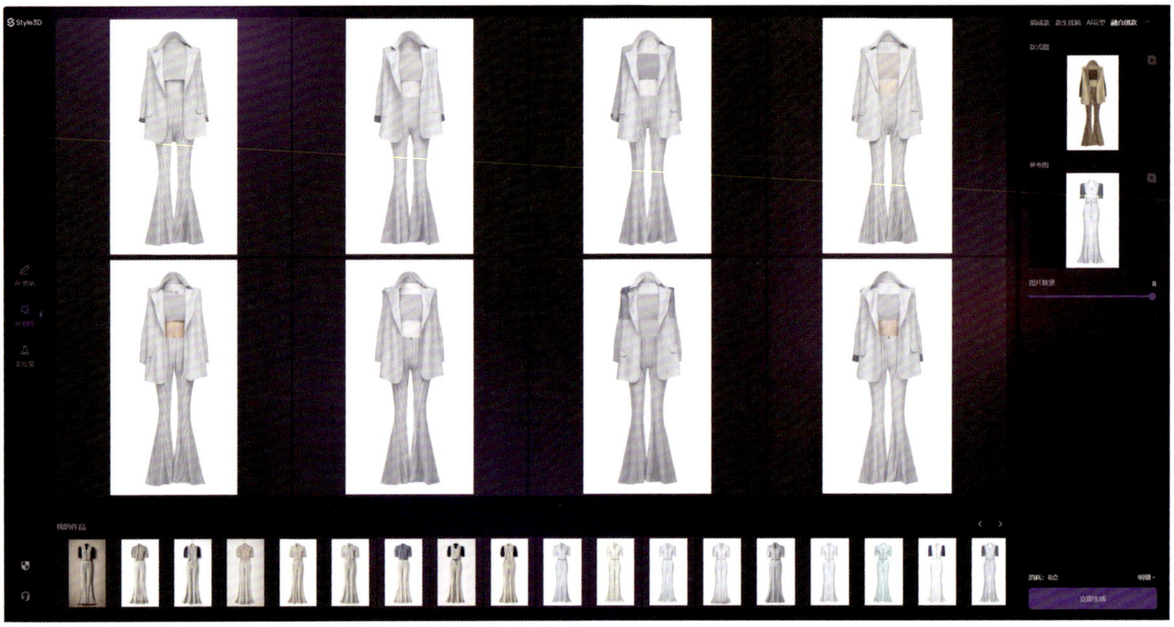

图1-43 融合创款图

图1-44 AI系列配色图

人风格，自由选择要替换的部件，如更换服装上的纽扣、腰带等，这种互动式的设计体验能够增强消费者对品牌的认同感和忠诚度。

如图 1-45 所示，局部替换操作流程简单直观：首先上传已完成的服装款式图，随后划定需要修改的区域，点击“立即生成”即可。AI 将自动生成八张效果图，提供多样化的创意方案。例如，上传的是一款正面服装款式图，上装为紧身条纹长袖，下装为紧身拖地喇叭裙，而 AI 生

图1-45 局部替换图

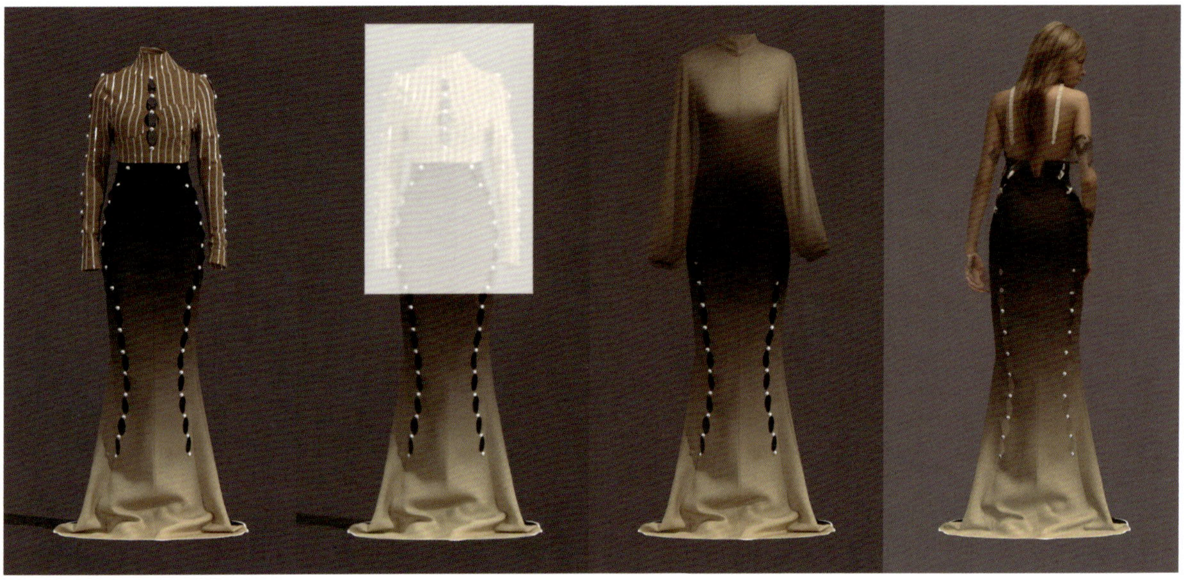

图1-46 局部替换生成案例

成的方案可能包括细长款灯笼袖衬衫等不同风格设计（图1-46）。这一功能不仅极大地拓展了设计的可能性，还为设计师提供了丰富的灵感来源，使设计过程更加高效、有趣且充满创意。

十一、以款生款

以款生款是指在现有款式的基础上进行拓展与创新，高效利用已验证的版型资源。例如，一款经典的直筒连衣裙版型经过多次打样、试穿和调整，其版型结构已趋于合理，穿着体验也得到了充分优化。基于这样的成熟版型进行设计衍生，不仅可以避免重新开发全新版型所需的大量时间和精力，还能省去重新制版、裁剪测试等复杂流程。这种方式不仅提升了设计效率，还确保了新款的舒适性与实用性，为设计师提供了更多创意发挥的空间。

该功能操作简单（图1-47、图1-48），第一步选择已完成的款式；第二步选择“生成的类目”，具体选项与前面的“以文生款”等相同，主要方便限定AI生成款式的范围；第三步选择“生成的材质”，其中可选择范围有：棉、

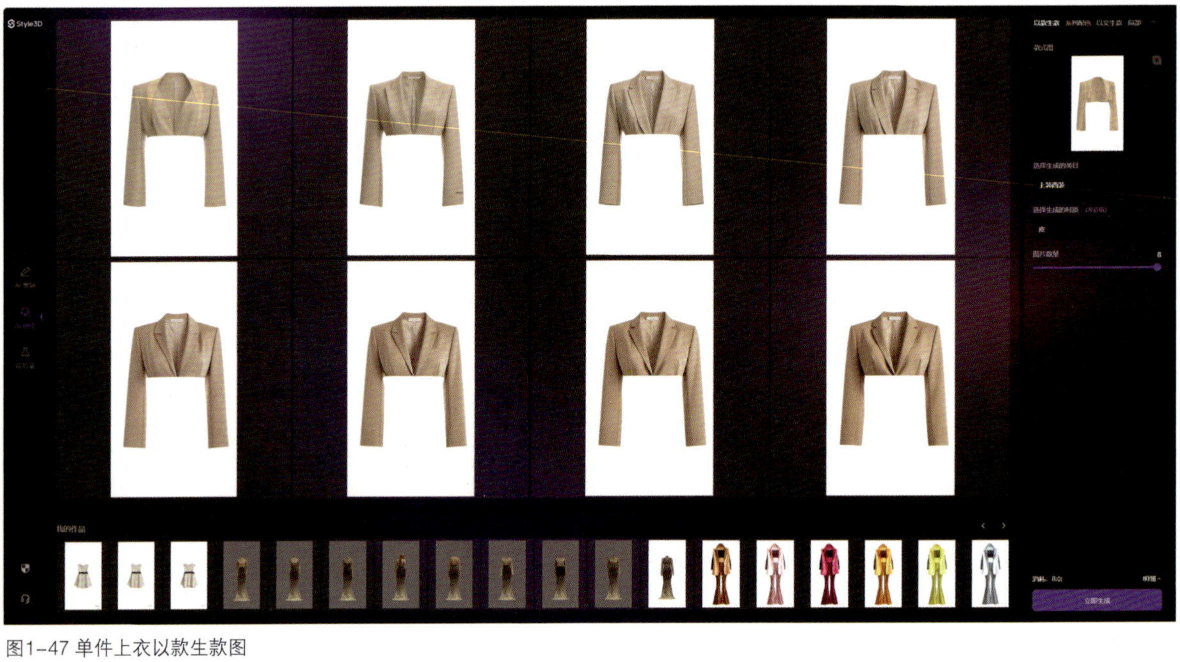

图1-47 单件上衣以款生款图

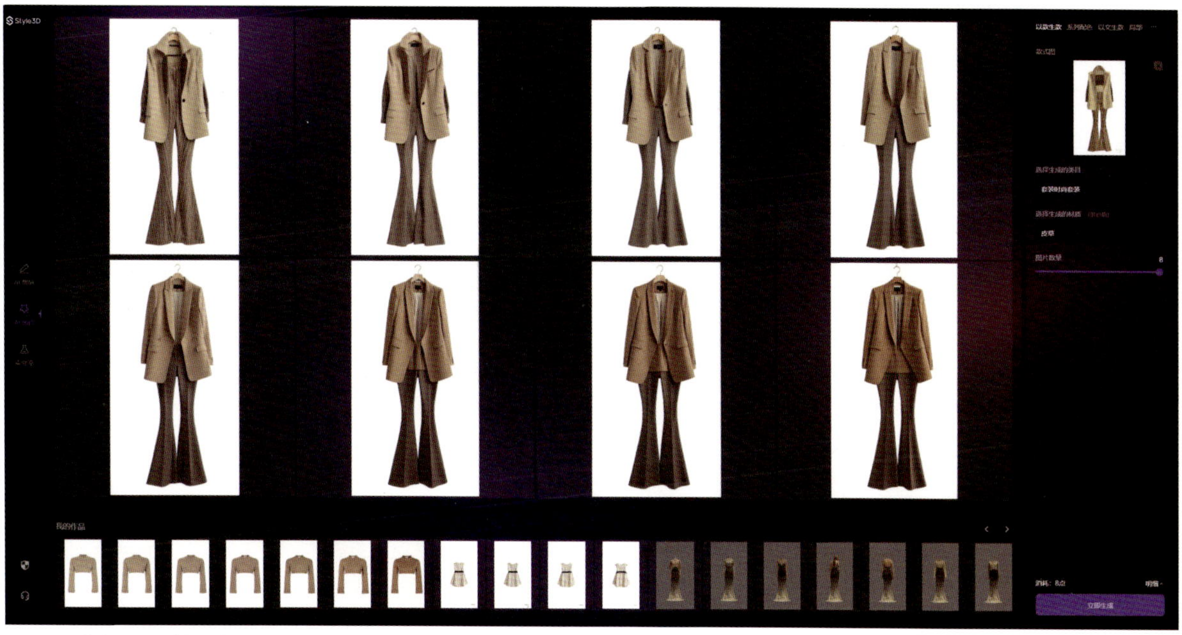

图1-48 成套服装以款生款图

麻、真丝、毛绒、皮、人造纤维、混纺、皮革、细纱线、牛仔布、粗花呢。然后选择生成图片数量，点击“立即生成”。

通过以上案例可以发现，在保持原有廓形基础的前提下，AI 对原本短西装外套的省道提出了新的设计方案，对原本叠穿的两件套提出了假两件的搭配方案，同时对翻领细节提供了更多设计思路。通过灵活运用以款生款功能，设计师不仅能够高效利用现有资源，还能在经典与创新之间找到平衡，为设计注入更多可能性与商业价值。基于以上三个 AI 生成的设计点，设计师可以利用 AI 对省道进行重新规划，探索更多剪裁的可能性。例如，将传统的腰省改为肩省或侧省，以塑造不同的轮廓效果；或尝试不对称省道设计，增添款式的独特性。对于叠穿款式，以及生成假两件的设计方案，AI 既保留了叠穿的层次感，又简化了穿着的复杂性。设计师可以在此基础上进一步优化细节，如调整假两件的分割线位置或添加装饰元素，以提升设计感。对于翻领 AI 提供了多种设计思路，设计师可以尝试不同形状、大小或材质的翻领，如大翻领、不对称翻领或拼接材质翻领，赋予款式更多时尚感和个性化表达。

十二、AI试衣

AI 试衣是指 AI 能够在短时间内在不同虚拟模特或用户自定义形象上快速生成相应的服装款式（图

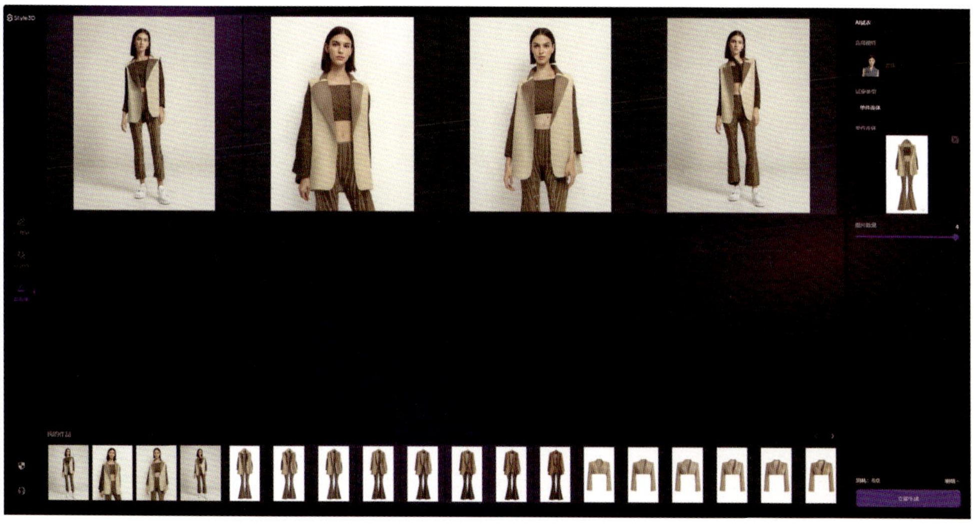

图1-49 AI试衣案例一

1-49)，这一技术大大缩短了从设计到展示的时间周期，加快了服装设计的迭代速度，使设计师能够更及时地对设计进行调整和优化。操作步骤：第一步，选择“模特”，系统设定分为九个选项：优雅风、运动风(男)、甜美系、时尚风、运动风(女)、欧美系(男)、欧美系(女)、欧洲女童、欧洲男童。第二步，选择“试穿类型”，其中包括上下装和单件连体二个选项。第三步，上传需要试穿的服装款式(图1-50)。最后，点击“立即生成”(图1-51)。

在选择服装款式图的过程中，如图是多件叠穿的服装，可以选择“单件连体”，尽管与实际不完全相符，不需要拆分每一个款式，AI会自动处理相应的效果(图1-52)。从图像生成的效果可以发现，模特试装效果还是可以的，只是局部长度有一定的差异性，这种情况需要多尝试不同模特解决这一差异。

图1-50 上传服装款式图

图1-51 AI模特试衣图

图1-52 AI试衣案例二

通过图1-53对比发现，相同款式的服装在不同模特上呈现不同的风格。不同风格的模特站姿略显不同，光源和面料细节也将会是对设计师的二次创作启发。

图1-53 不同模特试衣图

十三、以文生款

根据设计需求，在“文字描述”框内输入想要 AI 生成的款式，文字需要包含类目、风格、材质、设计细节等。输入文字后，可以点击“优化文案”，AI 将协助优化内容输入。“选择版本”中，目前有两个选择，一个为“FS1.0”服装真实度高，更快速；另一个为“HQ1.0”服装细节好，更精准。AI 一次可以生成 1-8 张图。通过图 1-54 可以看到，选择“HQ1.0”版本，输入文字为：深蓝色复古牛仔棉服，带有几何条纹拼接设计，采用粗纺针织面料，做旧金属纽扣，大廓形；图片数量为 2。AI 生成两张不同款式图，一张为服装平铺图，另一张为上身图。

图1-54 AI生成图片

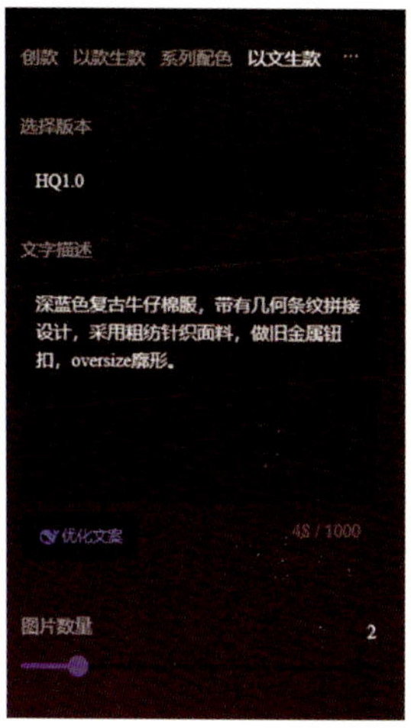

图1-55 操作界面

十四、包包上身

提供产品图片，同时上传包包的款式（图 1-56），在“包包类型”中选择：腋下包、手拎包、腰包、背包、斜挎包。然后在“包包大小”选择相应的尺寸：小号（长度小于 25cm），中号（长度 25-35cm），大号（长度大于 35cm），最为重要的是在“选择参考图”（图 1-57）的选项中勾选想要生成的姿势。在此功能中，图片数量只有 1-4 张可选。从图 1-58 可以看到，AI 将上传的包包图与不同模特姿势结合，呈现不同的效果。在选择参考图时，需要根据包包实际情况选择相应的模特姿势。

图1-56 包包原图

图1-58 AI生成效果

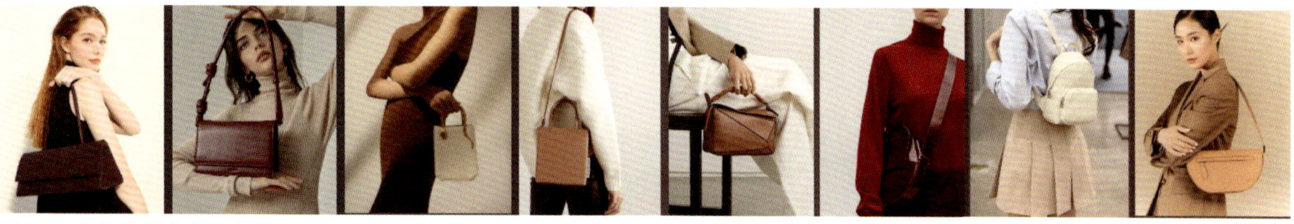

图1-57 包包选择参考图选项

十五、帽子上身

帽子上身功能与包包上身功能相似，按照示例图片上传帽子图片（图1-59），在“选择参考图”（图1-60）中选择与上传帽子相似材质和款式的参考图。通过图1-61可以看到，选择与参考图相似材质和形状的帽子，AI生成的图片更接近理想中的效果，反之则容易产生帽子与头型不符的效果。

图1-59 帽子原图

图1-61 AI生成效果

图1-60 帽子选择参考图选项

十六、换姿势

换姿势功能为服装展示提供了更多动态化、场景化的表达可能，快速验证服装在不同动作下的视觉表现力。操作步骤简单，上传一张模特图（图1-62）或款式图，在“选择参考图”（图1-63）的选项中选择希望AI生成的模特相似姿势，其中有正面、侧面、背面、半身图等不同全身及局部姿势。通过图1-64可以看到AI会随机生成背景和光源，整体上看，模特姿势效果还是非常自然流畅的。

图1-62 模特图

图1-63 姿势参考图

图1-64 AI生成不同姿势图

十七、服装精修

服装精修功能可以快速除去面料上的褶皱等瑕疵问题，还可以为成片生成二次创意，从图 1-65 可以看到二组服装前后精修对比图，通过 AI 精修过后，服装细节和配饰均得到不同程度的改造。值得注意的是，在“精修强度”选项中，强度数值越高，AI 创意空间越大。

图1-65 服装精修前后对比

十八、图生视频

图生视频功能的优势就是能将静态的模特图快速呈现出动态的过程。操作步骤简单，只需要上传一张清晰的模特大片图（图1-66），在“文字描述”框内输入想要模特的动作，如操作界面（图1-67）中显示：一个女性模特在走秀，从后往前走动，身上穿的衣服跟随走动进行摆动。生成的视频时长有两个选择：5秒和10秒，扫码观看生成的模特动态视频。

模特动态视频

图1-66 模特图生视频原图

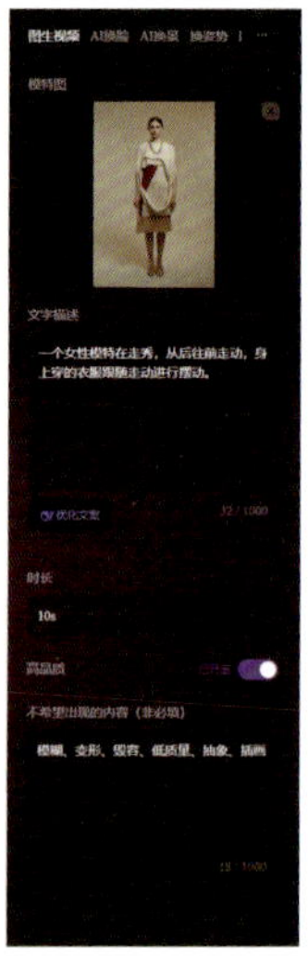

图1-67 图生视频操作界面图

第四节　iWish虚拟展示模块

Style3D iWish 是一款基于先进 AI 面部特征匹配技术的虚拟试衣解决方案，通过深度学习算法实现真实人脸与虚拟模特的高精度融合，显著提升数字模特的真实感与个性化表现。该平台专注于服装设计流程的后期阶段，为品牌提供从虚拟拍摄到营销推广的一站式解决方案，支持用户照片上传和定制化试衣体验，广泛应用于电商展示、社交媒体推广及虚拟时装秀场等场景。与专注于设计环节的 iCreate 不同，iWish 通过高精度面部匹配、个性化外貌定制和多样化场景选择等功能，显著提升服装品牌的数字化营销效率与用户体验，为时尚行业提供更加高效、个性化和便捷的视觉化呈现解决方案。

具体操作步骤：第一步，打开 Style3D 设计好的款式（带模特款），在功能栏中选择“工具”，选择菜单栏最左边“渲染”，再选择 2D 视窗右上角“AI”（图 1-68）。

第二步，点击“右上角的 AI”，系统自动弹出“AI 出图”窗口（图 1-69）。iWish 的功能主要在这个窗口中完成。主要分三个大选项，“AI 模特”（图 1-70）、“AI 场景”和“AI 服装”。可选择单独生成 AI 模特，也可同时生成 AI 模特加 AI 场景。

Style3D AI-iWish 功能详解

图1-68 进入iWish界面步骤

图1-69 AI出图窗口

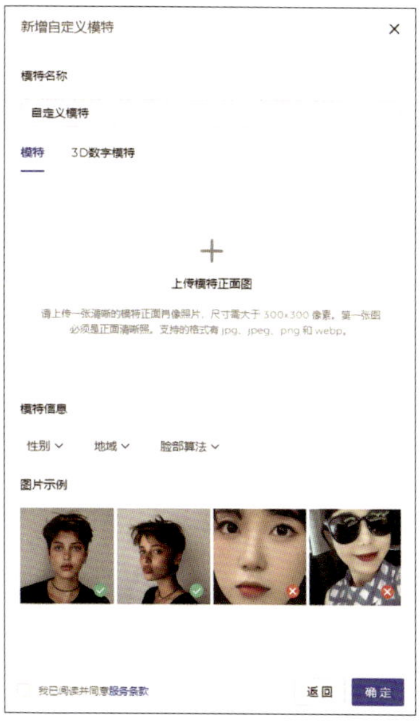

图1-70 AI模特选项界面

一、AI模特生成

在AI模特选择中，可以从官方预设的“模特库”中进行挑选（图1-71），也可以选择“自定义模特”上传照片。在“自定义模特”选项中，选择自备的模特头像后，分别在性别、地域、脸部算法中进行相应的勾选，以确保AI系统生成更符合要求。其中性别和地域中的选项与“模特库”中的选项相同，脸部算法中有四个选项：脸部1.0（侧重脸部融合度）、脸部2.0（侧重面部妆容一致）、脸部3.0（侧重于皮肤质感和多角度一致性，需要上传高清脸部照片）和脸部4.0。从“模特库”中挑选，其中分为两个大类：性别（女模、男模、女童、男童）地域（亚洲、欧洲、非洲）。选择相应的模特后，点击“确认”，系统窗口会提示“提交成功”，系统会在Cloud平台生成相应模特，同时消耗相应的点券。生成的模特需要从网页进入查看。

图1-71 AI模特库

二、数字人生成

具体步骤：第一步打开AI模特，选择“自定义模特”，系统会弹出窗口“新增自定义模特”窗口（图1-72），输入“模特名称”，然后选择“3D数字模特”，在“模特信息”中选择：性别（男模、女模、女童、男童）、地域（亚洲、非洲、欧洲），年龄（少年、成年、老年），在左下角打钩同意条款，最后点击“确认”。再回到“AI模特”系统会自动生成一个3D数字模特，勾选已生成的数字模特，选择“场景”，选择“AI服装”，在“出图选项”中，选择“4K出图”，最后点击“确认”，AI系统将上传图片到云端开始渲染出图。在选择和生成模特的过程中，可以通过选择年龄和地域，改变系统默认人模的长相，如图1-73是老年模特，通过以上步骤，可以为模特“减龄”变化为成年模特（图1-74）。需要注意的是，模特转化功能只限于系统自带模特。

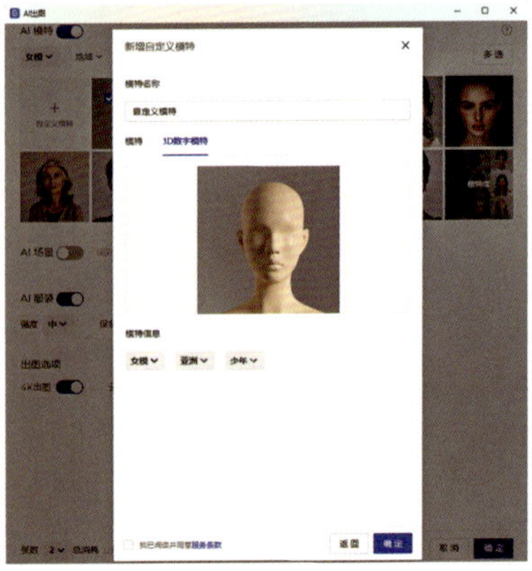

图1-72 模特自定义窗口

图1-73 老年模特

图1-74 成年模特

三、图像查看

具体操作步骤：第一步，进入 https://cloud.Style3D.com/home/workhub/index；第二步，点击左边菜单栏的“全部菜单”；第三步，选择“应用中心”；第四步，选择“AI 应用”进行图像查看（图 1-75）。一般图像生成快慢与网速有关，大约在 2-5 分钟内生成一张图。

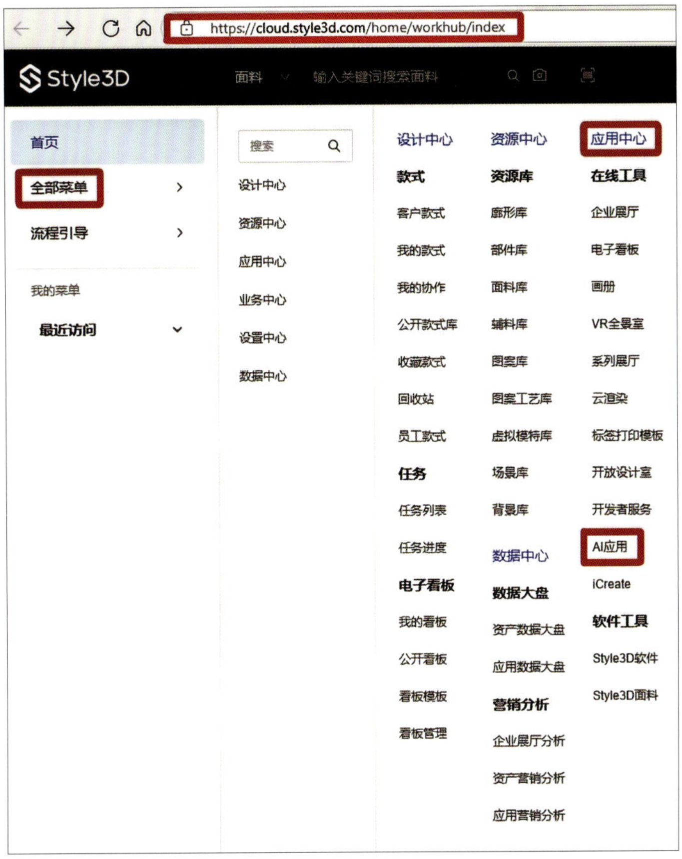

图1-75 图像查看

四、3D渲染

在“AI 服装”功能中，开启此选项后，AI 将对 3D 服装的细节进行优化，主要针对服装的肌理效果进行处理，使其更加均匀和平整。因此，在将现有服装款式提交给“AI 模特”生成图片时，可以根据款式需求对服装肌理进行渲染处理（图 1-76）。具体操作如下：打开 Style3D 软件，点击功能栏中的“工具”，然后选择左侧的“渲染”选项。渲染模式分为三种：光追、离线和实时。在软件右侧的属性视窗中，进入“材料属性”选项，可以看到标注为“（仅渲染）”的质感肌理效果仅在“离线”模式下可用。渲染处理的速度主要取决于电脑显卡的性能。这一功能不仅提升了服装细节的表现力，还为设计师提供了更高质量的视觉效果，助力设计呈现更加真实与细腻效果。

图1-76 服装渲染处理

五、光源调节

在选择模特与场景照片时，首要考虑的是两者的光源是否一致。为了确保合成效果的自然与真实，需要根据场景的光源对模特的光源进行相应调整（图1-77）。具体操作步骤如下：第一步，打开 Style3D 软件并加载所选模特，在软件中导入需要调整的模特图像。第二步，进入场景设置：在右侧工具栏中选择“场景”，然后点击“灯光”选项。第三步，调整光源：在“属性编辑视窗”中，选择“灯光库”，根据场景光源的方向、强度和色温，对模特的光源进行精细调节。这一操作的背后逻辑是模拟真实拍摄环境中的布光效果，通过对光源的精准控制，使模特与场景的光影效果完美融合，从而提升合成图像的真实感和视觉表现力。这种细致的光源调整不仅能够增强图像的质感，还能为设计展示提供更加专业的效果。

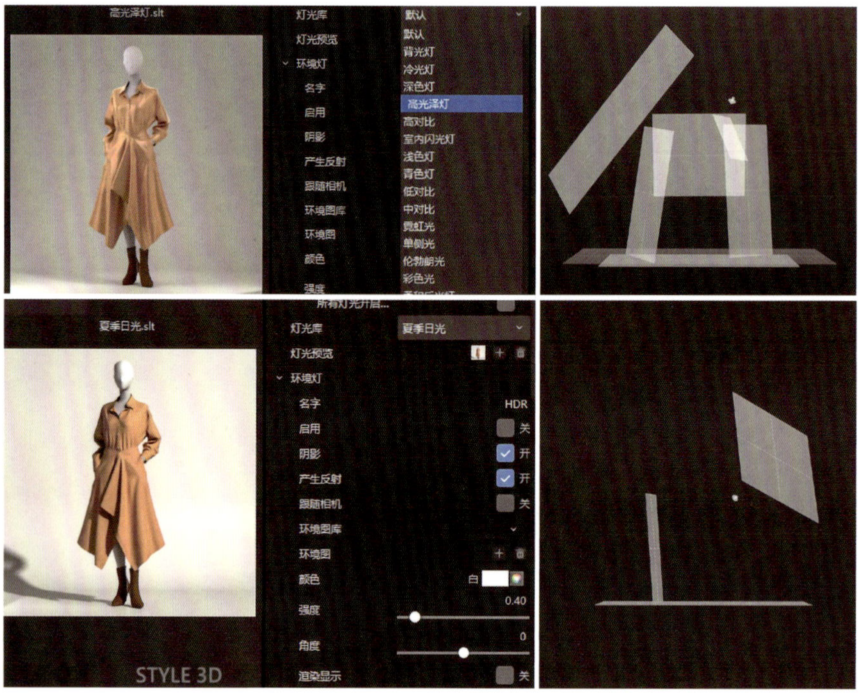

图1-77 光源调节

六、AI场景构建

AI 场景库与 AI 模特功能类似，用户既可以选择官方预设的“场景库”（图1-78），也可以上传“自定义场景”（图1-79）。为了生成更加逼真的图像，在选择场景图片时，需重点考虑以下几个细节：1. 光源一致性。确保模特与场景的光源方向、强度和色温相匹配，以增强图像的真实感。2. 风格搭配。模特的风格与场景氛围需协调一致，例如，运动风格的模特适合搭配户外或健身场景。3. 色彩融合。服装颜色与背景色调应相互融合，避免视觉冲突，提升整体画面的和谐度。

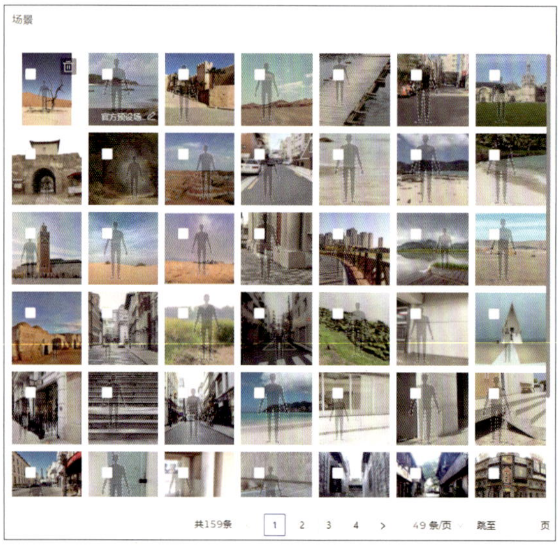

图1-78 官方预设场景库

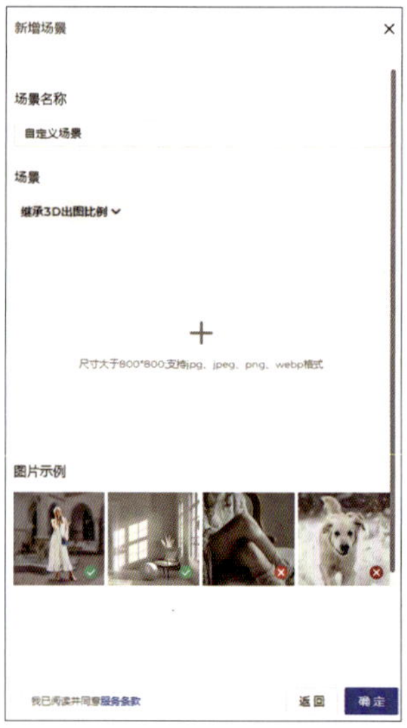

图1-79 自定义场景

具体操作步骤如下：

第一步，打开 Style3D 中已设计好的款式（带模特款）。第二步，在功能栏中选择“工具”，点击菜单栏最左侧的“渲染”。第三步，在 2D 视窗右上角选择“AI”，弹出“AI 出图”窗口。第四步，勾选“AI 模特”和“AI 场景”。最后，点击右下角“确认”。系统提示“提交成功”后，生成的带有模特的场景图可通过网页查看。具体查看路径与 AI 模特相同。这一功能不仅简化了场景合成的流程，还通过智能化的光源与风格匹配，为设计师提供了更加高效、真实的图像生成方案，助力优化与提升设计展示的效果。

在自定义场景模式中（图 1-80、图 1-81），通过蓝色框调整模特与背景图案的大小关系。具体操作步骤：第一步，选择需要上传的背景图，勾选“继承 3D 出图比例”。第二步，调整模特与场景大小关系。第三步，勾选底部的服务条款。最后，点击“确认”，系统窗口会提示“提交成功”，同时消耗相应的点券。生成的图片需要从网页进入查看，操作步骤如图 1-75，等待时间一般在五分钟左右，在勾选需要的模特和场景后，有“AI 服装”这个选项，开启此功能，AI 将会对 3D 服装的细节进行优化，主要是将服装肌理处理成更为均匀和平整的效果。

图1-80 室外场景设计

图1-81 室内场景设计

七、AI服装

Style3D iWish 除了“AI 模特”和“AI 场景”外，还有一个功能就是“AI 服装”。通过图 1-82 可以看到，开启“AI 服装”功能后的服装效果细节更真实，纹理更细腻，在 3D 服装渲染之后，通过使用光追渲染 AI 技术进行效果增强。在实际使用时，并不是每一款服装都适合使用这一功能，需要根据衣服肌理的效果调整。

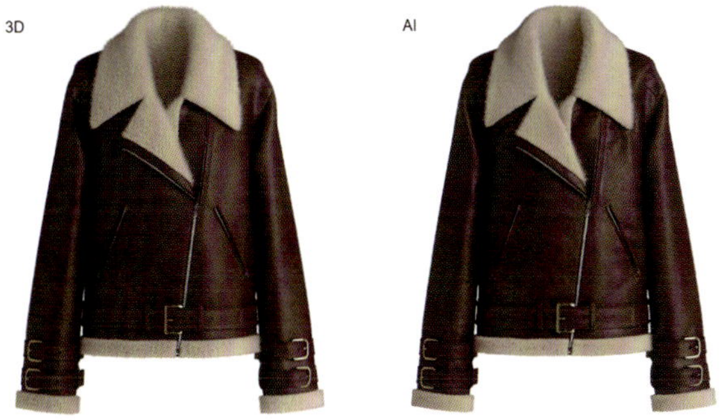

图1-82 使用“AI服装”功能前后对比图

第 2 章

工艺细节处理

第一节 褶皱工艺

褶皱工艺是通过在布料上缝制较长的缝线并收紧，使面料自然下垂形成流动感纹理的装饰技法。与规律性排列的褶裥不同，褶皱呈现出更加随机的肌理效果，其形态取决于缝线的收紧程度和面料特性，这种工艺常用于追求柔软飘逸效果的服装部位，如裙摆、袖口、衣身，以及家居纺织品的设计中。在工业化生产中，可通过配备专用打褶压脚的缝纫机实现高效制作。在实际操作中，比较常见的有直线褶皱（图 2-1）和曲线褶皱（图 2-2）。

Style3D 数字化设计提供了多种褶皱效果的制作方案：其一，橡筋工艺制作法，主要应用于腰头等功能性部位的设计；其二，贴图制作法（图 2-3），通过纹理映射实现细腻的褶皱表现；其三，弹性线制作法（图 2-4），可精准控制褶皱的分布与形态。其中，贴图法与弹性线法因其灵活性和可控性，成为面料改造阶段的首选方案。设计师可根据设计需求，选择合适的制作方法，在虚拟环境中实现从自然垂坠到规律排列的多样化褶皱效果，为服装增添独特的质感与动感。

图2-1直线褶皱

图2-2曲线褶皱

贴图方法
制作褶皱效果

图2-3贴图方法制作褶皱效果

弹性线方法
制作褶皱效果

图2-4弹性线法制作褶皱效果

第二节 褶裥工艺

褶裥工艺是一种通过高温高压定型技术形成的永久性褶皱处理方法，以其挺括的造型和持久的定型效果在服装设计中得到广泛应用。该工艺的核心特征在于其清晰锐利的褶痕线条与稳定的形态保持性，能够确保服装在穿着和洗涤过程中始终保持规整的褶皱效果。根据褶皱的排列方式和形态特征，褶裥主要可分为三大类：刀褶以其平行排列的锐利线条展现现代感，箱褶通过对称折叠呈现立体感，而太阳褶则以放射状分布营造动感效果。

在Style3D中，设计师可通过菜单工具栏中的“翻折褶裥”功能模块，快速实现各类褶裥效果的可视化呈现，这一智能化工具不仅支持褶裥角度、密度等参数的精确调节，还能实时预览不同面料上的成型效果（图2-5~图2-7），极大地提升了设计效率与准确性，为褶裥工艺的数字化创新提供了强有力的技术支持。

顺褶工艺制作

图2-5褶裥设计一

图2-6褶裥设计二

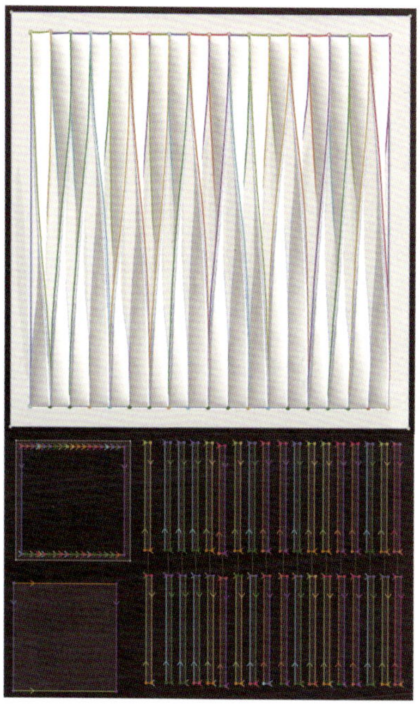

图2-7 褶裥设计三

一、风琴褶制作

选择“笔”在版片顶部从上至下，靠边缘0.5cm处画一根竖线，点击鼠标右键“生成等距离内部线”，调整间距0.5，扩张数量100，直至把整个版片排满。选择“翻折褶铜”，从版片最左端到最右边边缘，双击版片，选择“风琴褶”，点击确定（图2-8）。

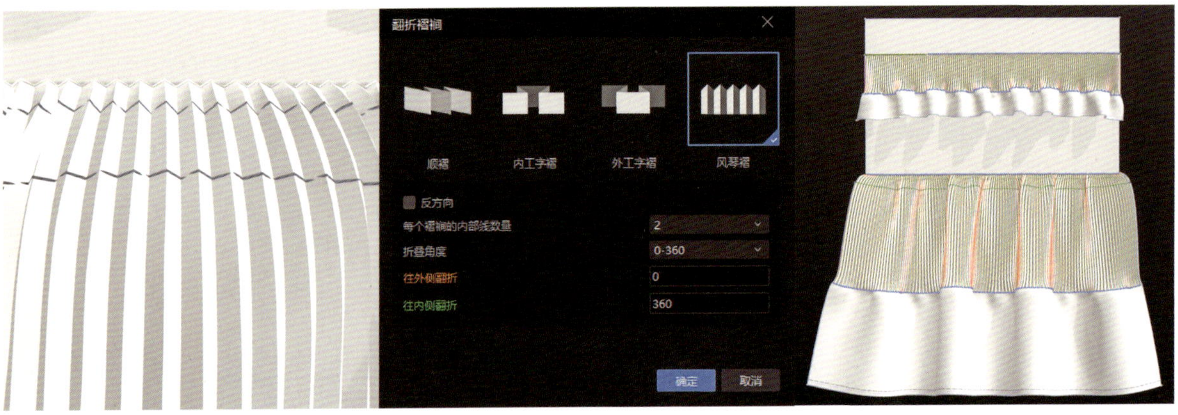

图2-8 风琴褶制作过程

二、工字褶在款式中的运用

制作褶锏裙的关键是计算翻折的度数和褶与褶之间的距离（图2-9），最为简单的方法是，先找最小循环作为基础数，褶皱大小根据基础数的翻数增加。具体操作步骤：靠边缘1.25cm处画一根竖线，点击鼠标右键“生成等距离内部线”，调整间距1.25，扩张数量39，根据需要褶皱的层数删除掉多余的内部线，从版片最左端到最右边边缘，双击版片，选择“内工字褶”，点击确定。

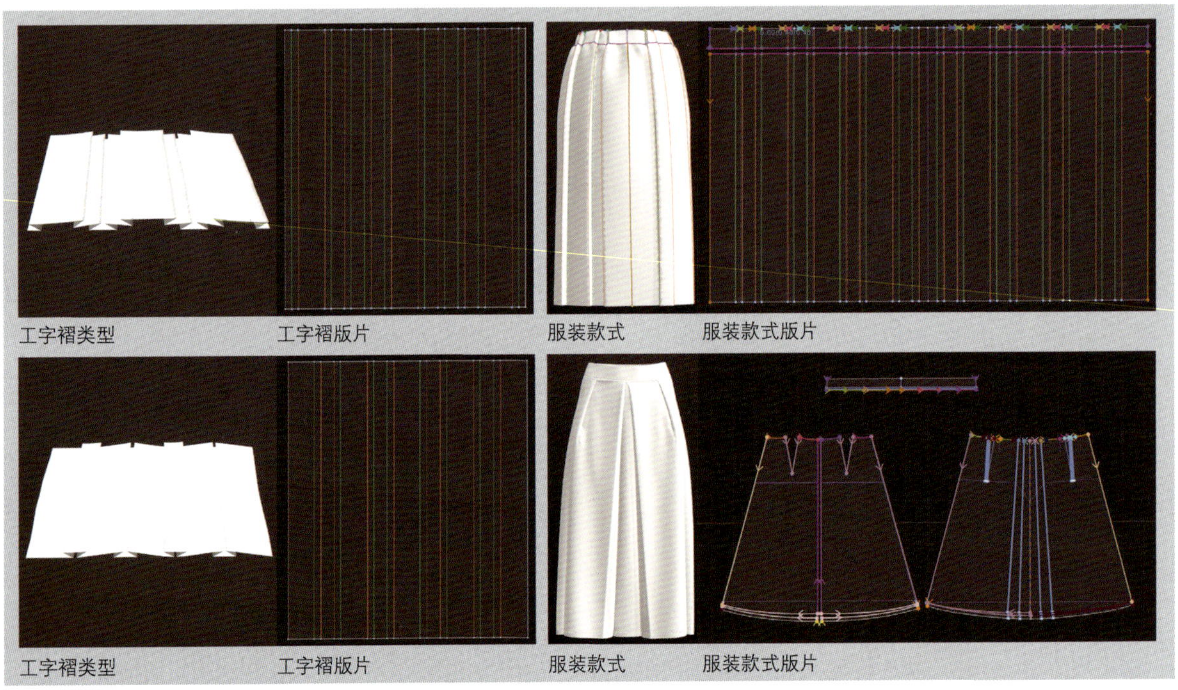

图2-9 各类工字褶及所对应的版片

第三节　荷叶边工艺

荷叶边作为三维立体剪裁的重要表现形式，其本质是通过面料力学性能与空间形态的精准控制实现的装饰性结构设计。从服装结构学视角分析，荷叶边的成型原理基于面料的悬垂性与褶皱密度间的数学关系，简而言之，荷叶边主要利用面料边缘长度与基底长度形成的差来表现肌理效果。荷叶边通常呈现为一系列紧密排列的褶皱，形成波浪状的外观。在面料运用上，荷叶边与不同材质碰撞出独特火花。轻盈的雪纺、真丝面料制成的荷叶边，随风飘动，尽显柔美；而厚重的毛呢、皮革打造的荷叶边，则呈现出立体挺括的视觉效果。设计师常将荷叶边运用于领口、袖口、裙摆等部位，既能增添服装的层次感，又能修饰身形曲线。在Style3D 操作过程中，可以通过粒子间距来表现荷叶边的软硬，从而启发设计师对面料的选择。

图2-10 常规荷叶边及版片

荷叶边
工艺制作

一、荷叶边创意制作与表现

荷叶边作为服装装饰工艺有丰富的制作和裁剪方法，常规荷叶边制作方法是在面料的边缘进行缝纫处理（图 2-10）。创意荷叶边制作方法（图 2-11~图 2-13），可以从面料中间进行缝纫，步骤是：先画一个长方形，在长方形上画一根线条；然后用“编辑版片”选中所画线段，点击右键，选择“等距内部线”；调整“间距”和“扩张数量”生成间距版片，将该线两端分别加上弹性，完成制作。如在单层面料上实验，需要选择“冷冻”版片将其固定。如在衣服上制作，就可直接按步骤操作。

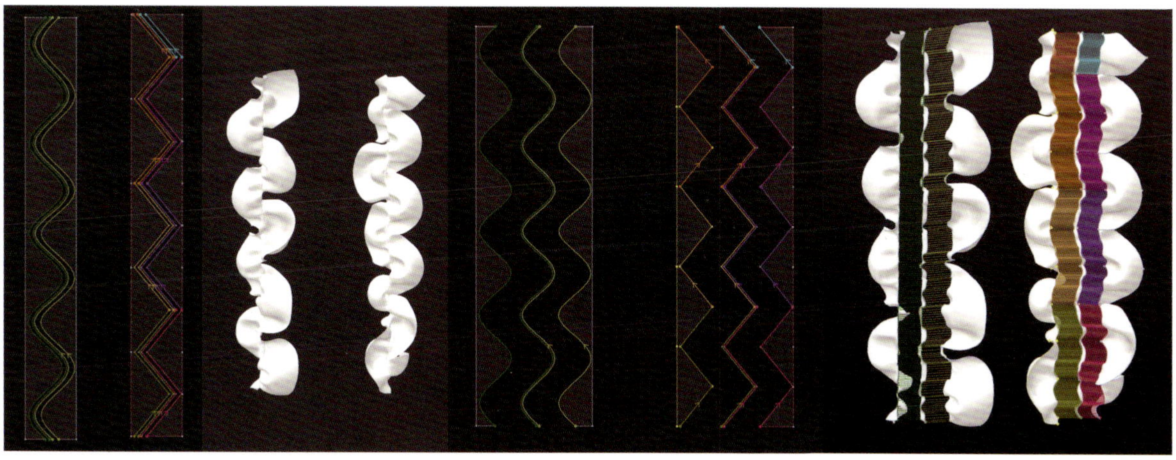

图2-11 创意荷叶边及版片设计一

创意荷叶边
制作

图2-12 创意荷叶边及版片设计二

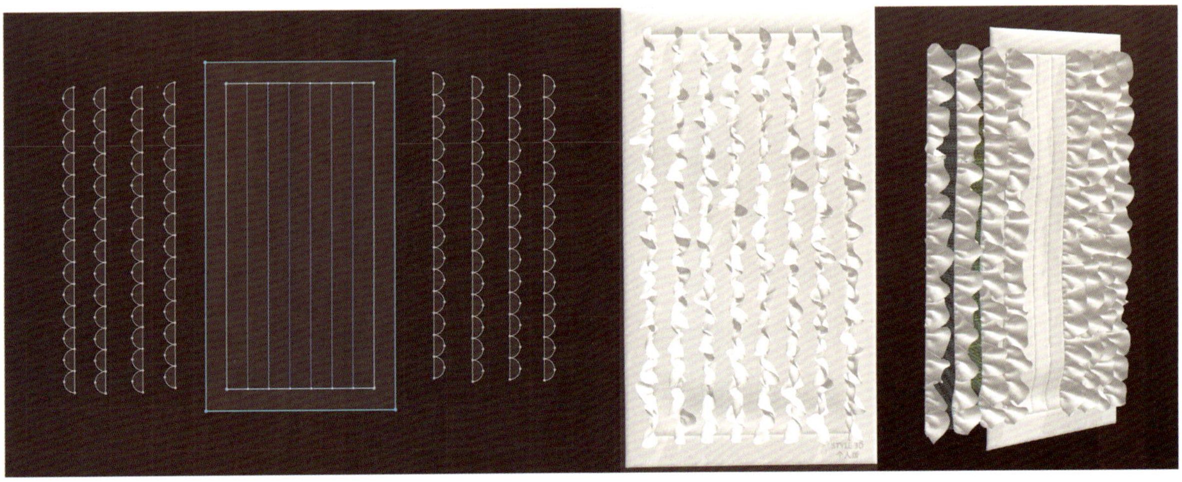

图2-13 创意荷叶边及版片设计三

1.粒子间距控制

粒子间距是形成模式网格中粒子之间的平均距离。较小的粒子距离在面料中形成更多的顶点，从而带来更精细的细节和更长的模拟稳定时间。相反，较大的粒子距离在面料中形成较少的顶点，从而导致结果不够精确，并缩短模拟稳定时间。如图 2-14 所示，最顶端版片数值为 50，中间为 25，底端为 10。总结来说，粒子间距数值越小，面料越柔和；数值越大，面料起伏越生硬。

图2-14 粒子间距设置图

2.拉伸技巧

拉伸数值越大（图 2-16），面料越紧实；拉伸数值越小（图 2-15），面料越容易被拉开，面料越松散。

拉伸与弯曲操作

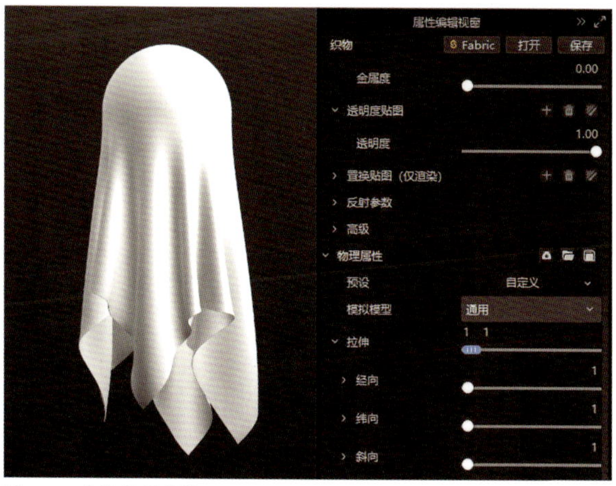

图2-15 小数值拉伸效果

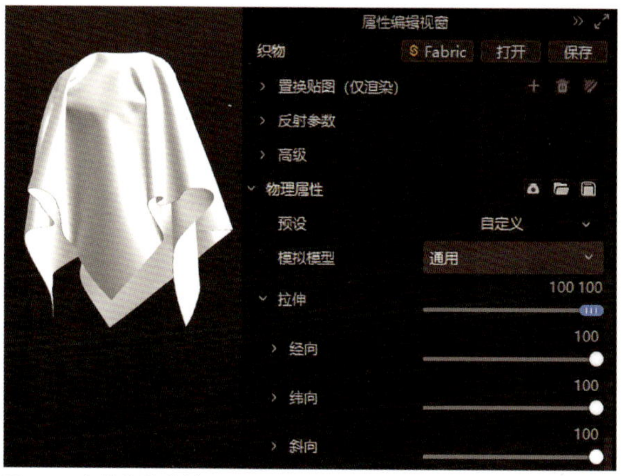

图2-16 大数值拉伸效果

3.弯曲处理

织物沿经 / 纬 / 斜纱方向的抗弯曲强度，数值越大，布料越不容易沿经 / 纬 / 斜纱方向弯折起皱。弯曲数值越大（图 2-18），布料越难被塑形，也就越难起褶皱，视觉效果看起来越硬。弯曲数值越小（图 2-17），布料越容易被塑形，在该方向越多褶皱，且褶皱越细碎，面料看起来越柔软。

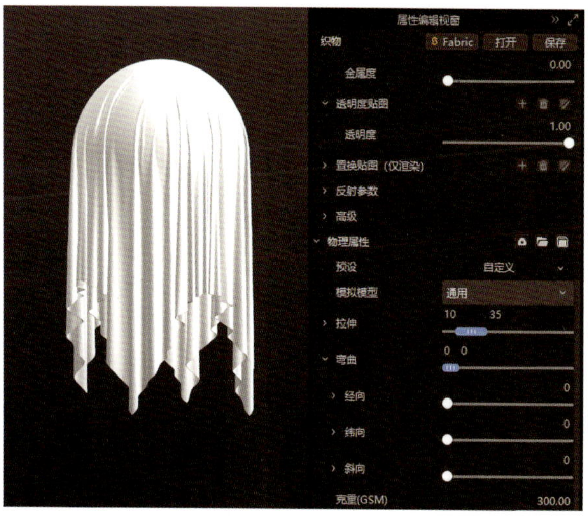

图2-17 小数值弯曲效果

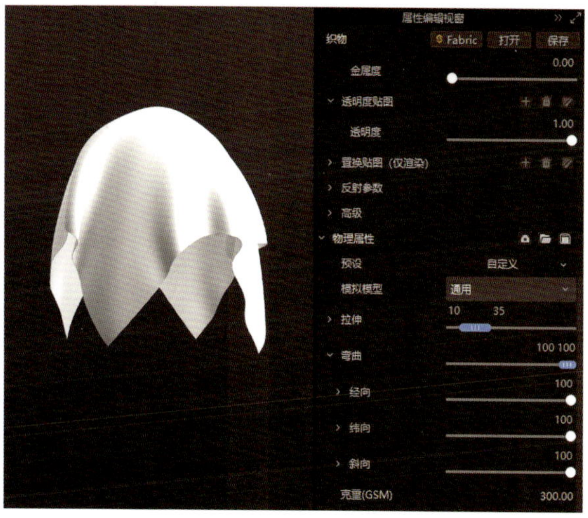

图2-18 大数值弯曲效果

4.线段明线设计

线段明线主要运用在边缘线的处理上，线迹种类繁多，具体有：三针五线、单针链状、链状针步、两针三线、两针四线、平车、人字形、三角针、三线拷边、三针四线、三针五线、双针链状针步、四线拷边、四线六针、五线拷边、套结、绣花平车、绣花人字线。在此属性编辑视窗中，可以调节的选项，除了线迹之外还有：宽度、边距类型、针数、针距、材料等内容。运用此类明线时，除了常规在版片边缘上进行锁边使用（图2-19），同时，还能将明线作为装饰线运用在服装上（图2-20）。

荷叶边可通过单层叠加、多层叠加、不对称设计、立体造型、拼接混搭、局部点缀、与其他元素结合、功能性设计、材质选择及图案印花等手法，展现出丰富的装饰效果，适用于服装、家居和配饰设计，兼具美观与实用性（图2-21）。

荷叶边装饰效果制作

图2-19 常规使用线段明线

图2-20 创意使用线段明线

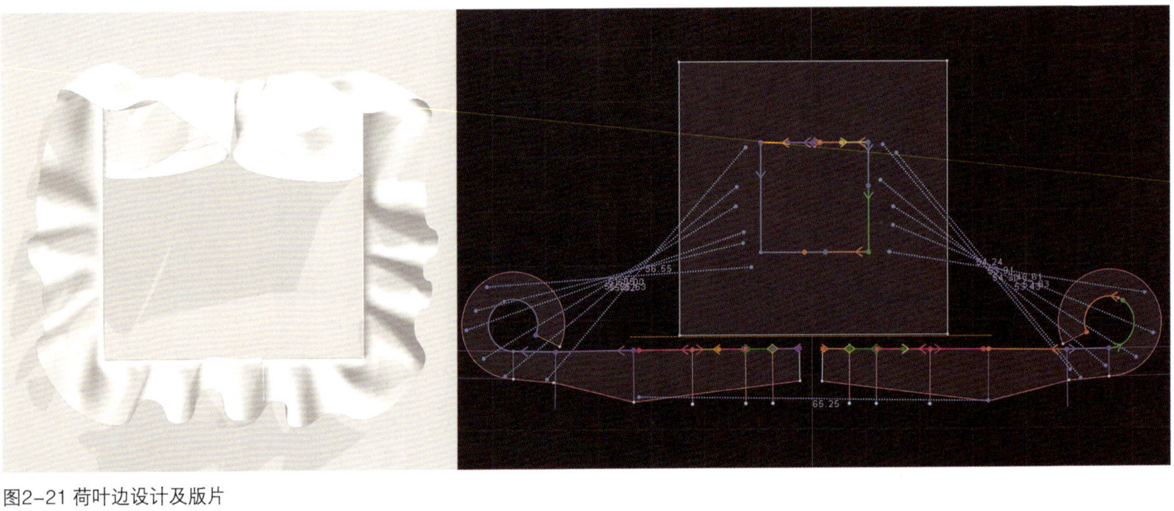
图2-21 荷叶边设计及版片

二、荷叶边在袖型上的运用

荷叶边形态分类多样，在服装款式中千变万化，常见的几种有：曲线形（图 2-22）、长方形（图 2-23）、螺旋形（图 2-24）。在 Style3D 中，与“粒子间距”功能结合，为相同版型拓展出更多不同质感的造型。

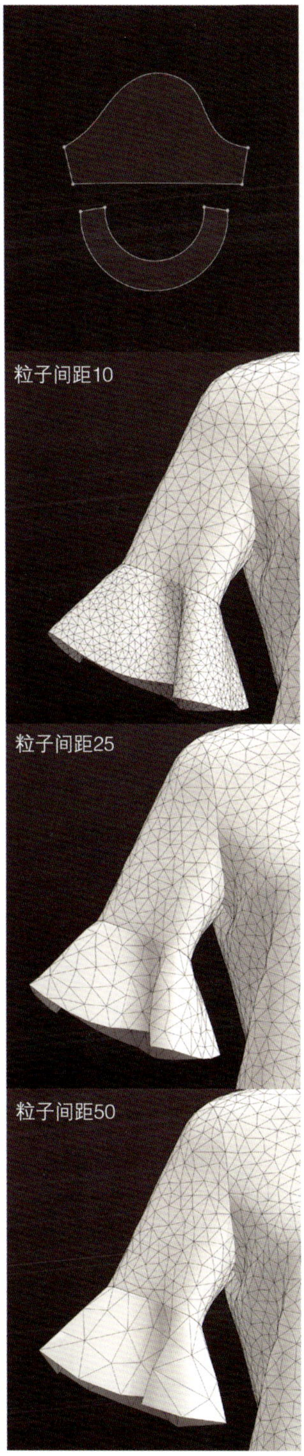

图2-22 曲线形

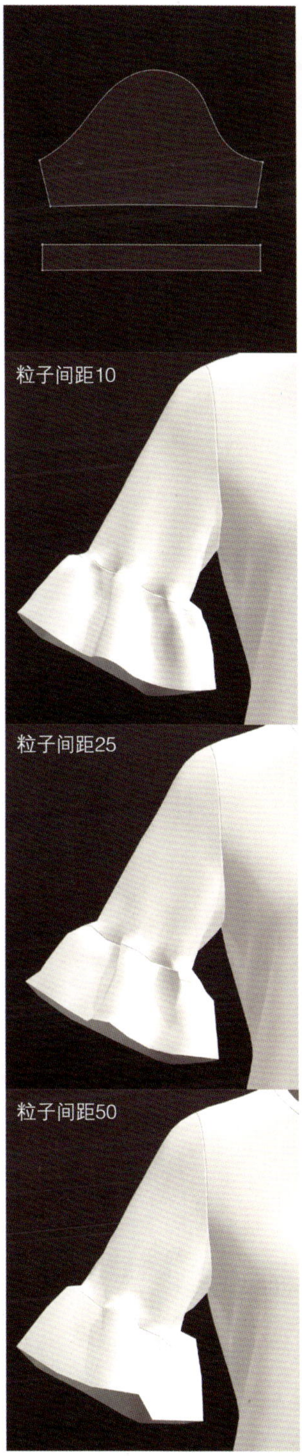

图2-23 长方形

图2-24 螺旋形

第四节 绗缝工艺

一、绗缝制作手法

方法一，在绗缝基础上进行充气（填充）。用“笔”在前片内先画一条直线，点击右键选中“生成等距离内部线”，调整间距和扩充数量（网格数量），选中版片一侧，点击右键选择“延伸到净边”，再点击右键选中“剪切并缝纫”，选中扩充部分，点击右键选中“生成里布”，再选择“生成充绒版片”，在右下角属性视窗中调整“充绒量”和“绗缝间距”。方法二，点击右键首先“生成里布（外侧）”，在右下角属性视窗中“压力”调到10（压力越大越膨胀）。简单来说，一种是填充压力（图2-25），另一种是加充绒量（图2-26）。

图2-25 绗缝

图2-26 绗缝+填充物

绗缝版片制作

绗缝+填充物版片制作

绗缝形状丰富多样，其中方形和圆形绗缝最为常见。方形绗缝通过规整的行距排列，形成简洁大气的几何图案，兼具结构稳定性与现代感（图2-27）。圆形绗缝则以柔和的曲线为主，通过不同直径和间距的组合，营造出流动感与层次感，常用于时尚服饰或家居纺织品，增添优雅与趣味（图2-28）。设计师还可通过调整行距、填充物密度及缝线粗细，进一步丰富图案效果，满足功能性与美学的双重需求。

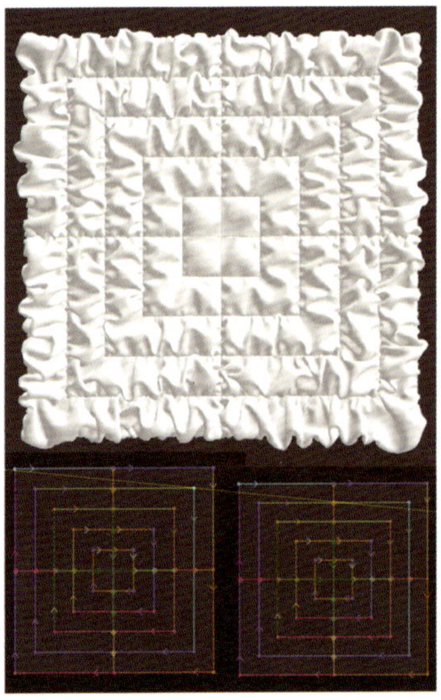

图2-27 方形绗缝

图2-28 圆形绗缝

二、绗缝工艺创意运用

传统绗缝以功能性为主导，通过缝线固定夹层填充物（如羽绒、棉絮），确保保暖性与结构稳定性。常见于防寒服饰的菱形、方格或波浪纹绗缝，兼具实用与基础装饰功能。在工装夹克、羽绒服及家居纺织品中，平行直线绗缝可增强面料抗变形能力，通过调整间距的密集缝线能精准控制填充物分布，实现分区保暖效果。设计师通过材质创新与工艺突破，拓展绗缝边界。例如，将羽绒绗缝融入羊毛西装，塑造膨胀与收缩的视觉对比；或运用实验性手

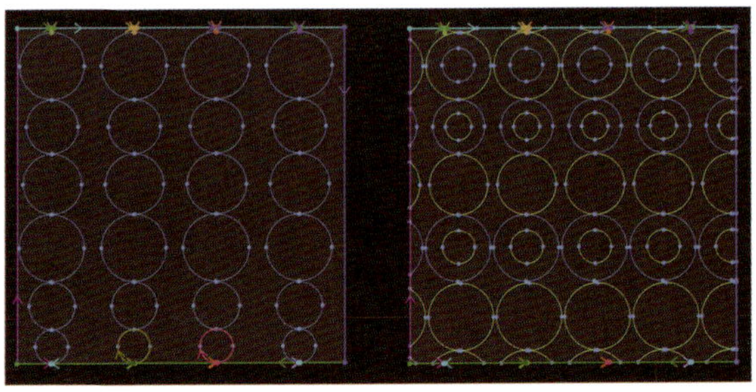

图2-29
相同版片不同
工艺表现手法

图2-30 纴缝

图2-31 纴缝+充压

图2-32 纴缝+充压+镂空

法，如激光切割镂空纴缝、热压 TPU 薄膜纴缝、可拆卸模块化纴缝等。在 Style3D 中，可通过调整填充压力和充绒量来改变纴缝的呈现效果。如图所示，相同版片与不同工艺相结合，表现出不一样的面料肌理效果（图 2-29~ 图 2-32）。

三、纴缝装饰图案设计

纴缝的缝合线可以形成不同的图案，如直线、波浪线、几何图形或其他装饰性设计图案（图 2-33）。如需要纴缝图案鼓起明显，需要调整上层面料的经纬缩率，或者将缝纫线改成弹力线。在运用纴缝工艺进行创作时，除了使用弹力绳控制布料的抽褶量外，另一种常见的方法是调整上层面料的经纬缩率。通过纴缝与经纬缩率结合的手法，极大地丰富了面料的肌理效果，为设计增添了层次感和动态美感。

图2-33 各类纴缝装饰设计及相对应版片

四、绗缝面料衍生设计

在 Style3D 软件运用中，一种工艺制作手法，可以灵活衍生出多种的面料肌理效果，图 2-34 为常规绗缝面料设计及对应版片，在此基础上，通过调整各类参数以达到不同肌理表现效果（图 2-35~图 2-37）。如图 2-38 所示，是用绗缝工艺操作步骤，制作出经纬编织工艺效果的面料。在 2D 版面上用“笔”在里层版片上画出齿状图案，点击右键“生成里布”，解除联动，把里布经纬缩率调到 150，完成制作。

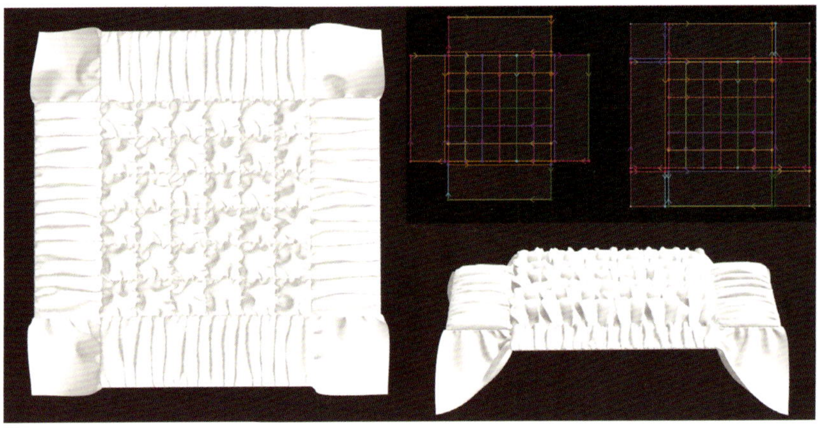

图2-34 绗缝加褶皱工艺

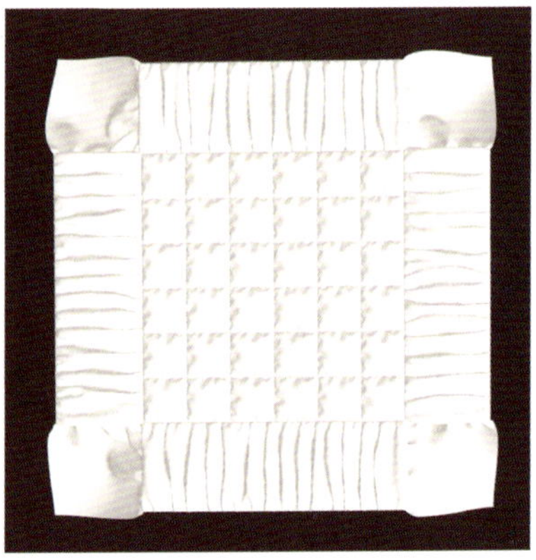

图2-35 减少经纬缩率从200到120

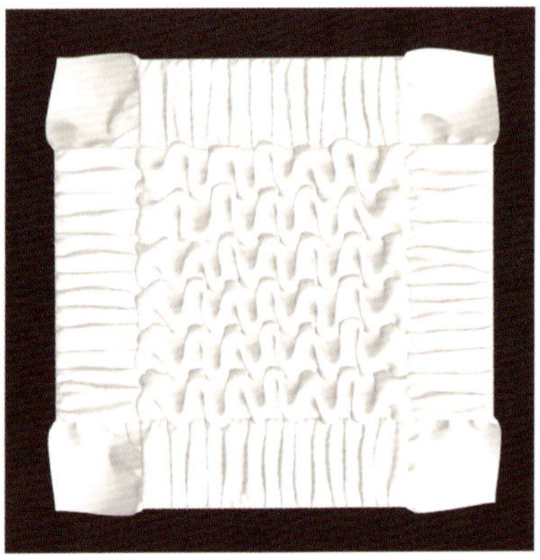

图2-36 将竖线缝纫线移除加硬化效果

图2-37 添加纵向20条“翻折褶裥”

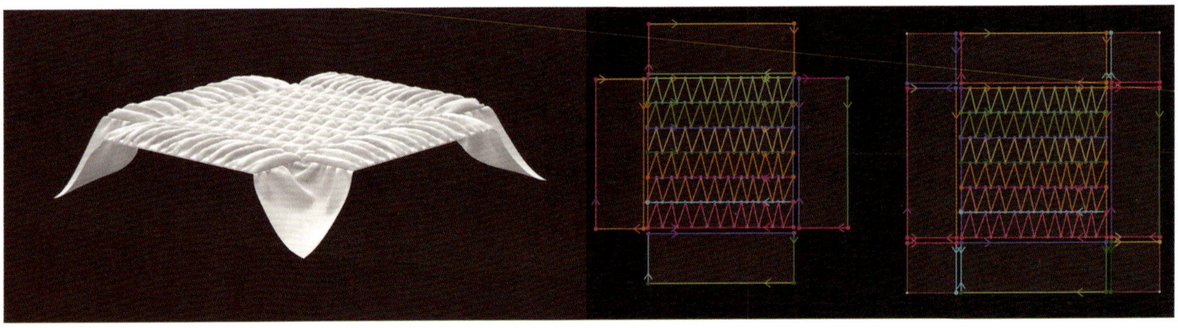

图2-38 绗缝工艺模拟经纬编织工艺效果

第五节 垂荡工艺

面料垂荡工艺是一种通过自然悬垂或人为折叠使面料形成流动感褶皱的技术，以其柔美优雅的视觉效果而著称。它广泛应用于礼服、裙装及窗帘设计中，通过调整面料长度、重量和悬挂方式，塑造出丰富的层次感与动态线条，赋予作品立体感和艺术表现力，成为高级时装与家居装饰中的经典手法。在实际操作中，为更好地展现面料的悬垂柔软特性，该工艺常结合斜裁方式，使垂荡效果更加自然流畅。Style3D 软件提供多种工具和方法，可高效模拟并实现面料垂荡效果（图 2-39、图 2-40），为设计师提供数字化创作的便利。

方法一：

通过调整面料经纬缩率（默认 100）达到面料垂荡效果。数值越大，悬垂性越强。

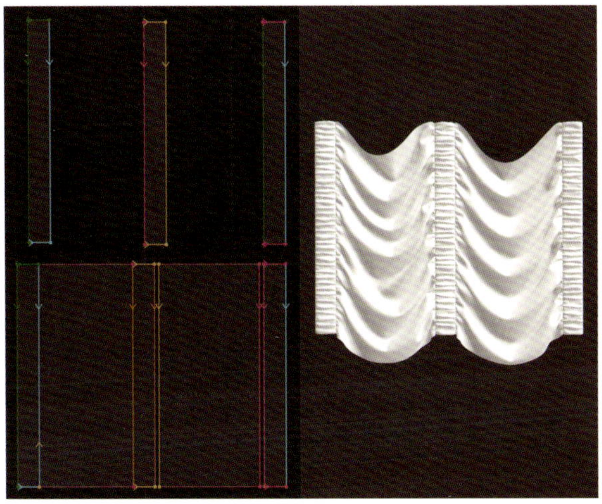

图2-39 经纬缩率制作垂荡效果

一、变形率控制

变形率是衡量面料沿经向、纬向及斜纱方向形成褶皱倾向的关键参数，其数值大小直接反映了服装形态的褶皱识别敏感度。具体而言，变形率参数控制着系统在三个纱向维度上对褶皱结构的识别精度：数值设置越高（图 2-42），系统对细微褶皱的捕捉能力越强，能够识别的褶皱细节越丰富；反之，数值较低时则仅识别明显的褶皱结构（图 2-41）。这一参数通过量化面料变形程度，为设计师提供了精确控制服装褶皱表现的工具，既可用于模拟真实的面料垂坠效果，也能实现特定的设计造型需求。在实际应用中，需要根据面料特性、款式要求和设计意图，合理调整变形率参数，以达到理想的服装形态表现效果。

方法二：

通过绗缝工艺结合褶皱工艺也能达到面料垂荡效果。

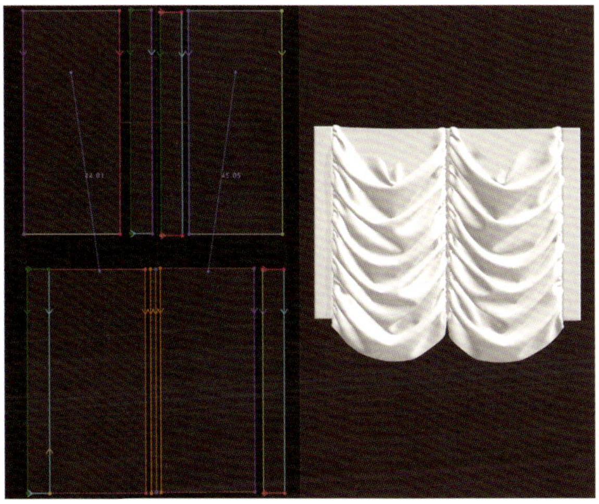

图2-40 绗缝褶皱制作垂荡效果

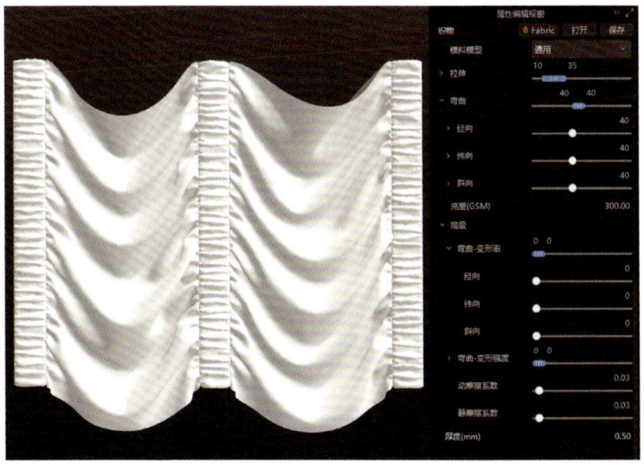

图2-41 小数值垂荡效果

变形率制作

二、垂荡工艺在款式中的运用

垂荡效果在服装设计中，能够呈现出两种截然不同的美感：一种是有规律的肌理效果，通过精确计算面料折叠与悬挂方式，形成整齐的波浪或螺旋纹理，常用于礼服袖口或裙摆；另一种是随机皱褶效果，利用面料的自然悬垂特性，营造出随性而富有层次感的褶皱，适合打造慵懒风格的上衣或连衣裙（图2-43）。垂荡效果与抽绳工艺有相似之处，但更具流动感与艺术性。设计师可通过结合斜裁、不对称剪裁或混合材质（如薄纱与皮革），进一步丰富垂荡效果的表现力，同时融入功能性设计，如可调节垂荡深度或可拆卸垂荡装饰，为服装增添实用性与创新感。

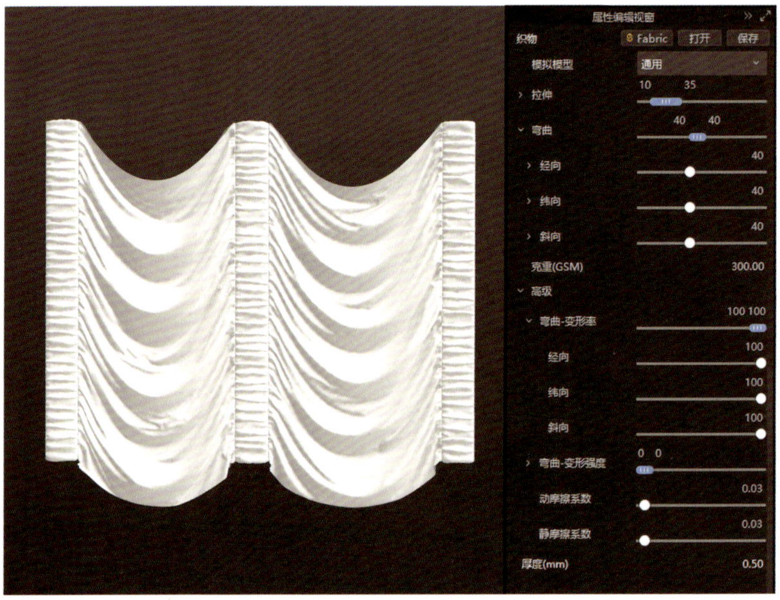

图2-42 大数值垂荡效果

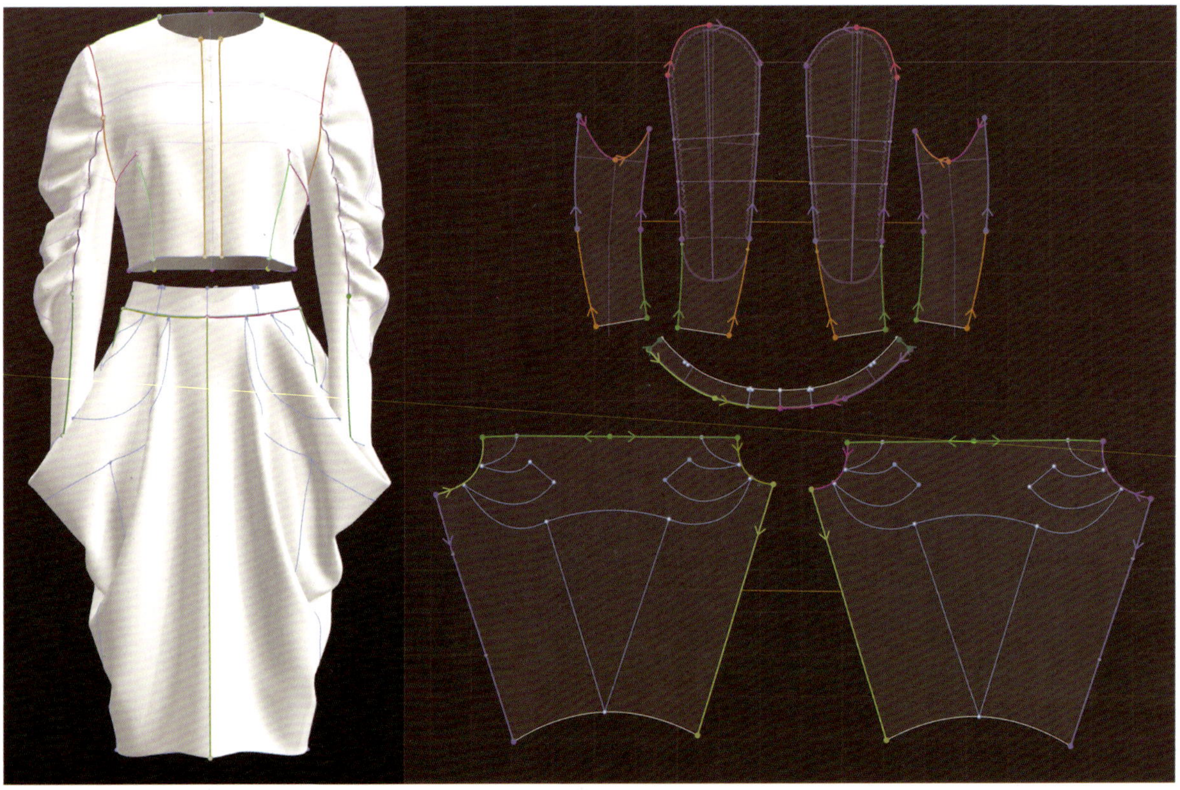

图2-43 运动垂荡工艺的款式设计及对应服装版片

第六节　抽绳工艺

抽绳工艺是一种在服装中常用的调节款式长短的细节设计，在实际制作过程中，通过在布料上设置管道，将绳子或绳带穿入管道的形式，以收紧或放松服装的特定部位，兼具功能性和装饰功能。在 Style3D 中，利用弹力缝纫功能模拟抽绳效果（图 2-44），同时，尾部打结的绳头可以从“资料库”→“辅料”→“蝴蝶结”文件夹中选择。

抽绳工艺制作

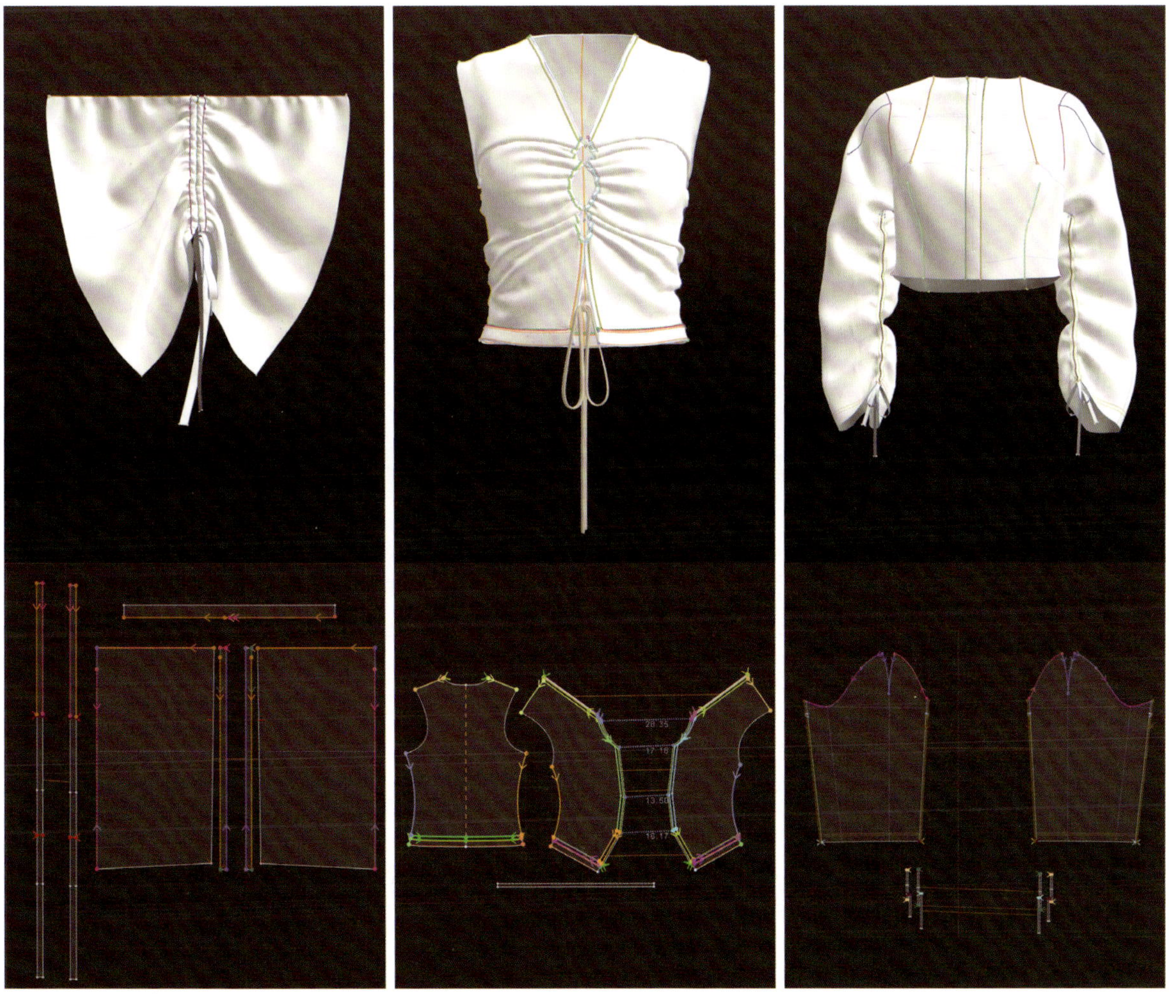

图2-44 抽绳设计案例及对应版片

第七节 穿绳工艺

穿绳工艺是一种将柔性材料（如绳索、织带等）通过预设孔道或开口穿入服装的技术手法，兼具功能性紧固与装饰性美化的双重价值。在Style3D数字化设计环境中，该工艺主要应用于服装的绑带细节设计，系统提供两种典型的制作方案：其一是整段模拟法（图2-45），这种方法能够实现穿绳效果的完整呈现，确保视觉效果的连贯性与美观度，但在实际操作中存在制作流程复杂、耗时较长的局限，特别是在动态走秀模拟时，可能出现稳定性不足的情况；其二是分段模拟法（图2-46），这种方法虽然制作效率较高，但在视觉效果上可能存在接缝不够自然的缺陷。设计师需要根据具体设计需求、使用场景和技术条件，权衡两种方法的优劣，选择最适合的工艺实现方案。

穿绳工艺制作

方法一：
用固定针制作穿绳效果

利用固定针整段模拟，将一整根绳子分为若干段，分别固定在特定位置。这个方法较为常见，在软件操作中较为稳定，需要在每一个绳扣上用固定针固定。

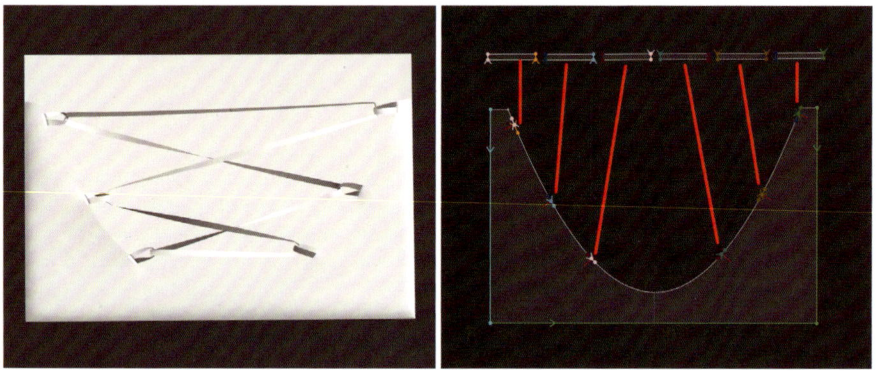

图2-45 利用固定针将一整根绳子分为若干段，分别固定在特定位置

方法二：

用缝纫模拟制作穿绳效果

与方法一制作方法相似，不同的是在面料上开一个孔洞，同时，在另一个孔洞上加缝纫线，与绳带顶端用缝纫固定，这个方法需要最后一步隐藏与绳带缝纫的孔洞，才能模拟绳子穿过孔洞的效果。

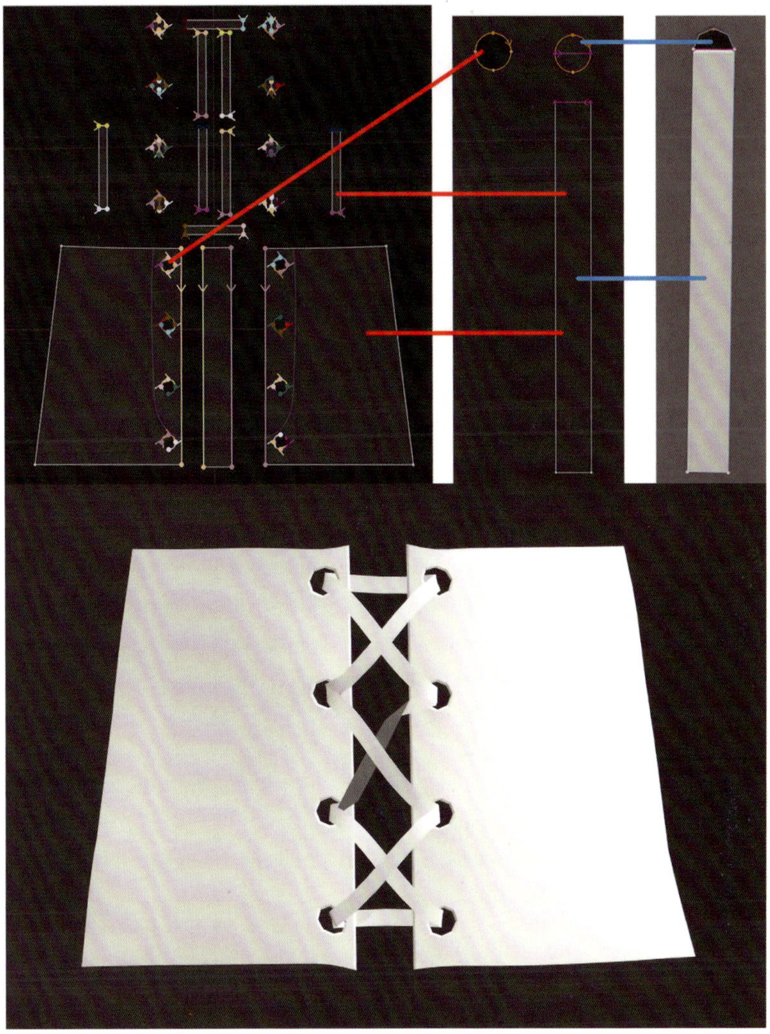

图2-46 缝纫工艺制作穿绳效果

第 3 章

款式模块组合

第一节 省道设计

省道作为服装结构设计中的核心技术手段，通过三角形或V形的剪裁方式实现服装立体造型，精准贴合人体曲线。从技术类型来看，省道可分为单向、双向、多向及曲线省道等多种形式，在实际操作中，常见的省道有三角形省道（图3-1）和菱形省道（图3-2）。设计师需综合考虑省道的长度、宽度、角度参数，以及其在服装中的空间分布与视觉平衡。在功能性方面，省道不仅能够优化服装的合体度，更能通过创意设计转化为独特的装饰元素，提升服装的艺术表现力。特别是在面料肌理处理上，省道结构为凹凸效果的实现提供了必要的支撑基础。Style3D数字化设计平台为省道设计提供了强大的技术支持，其智能化的省道转移功能使设计师能够快速预览修改效果，灵活调整省道位置与形态，极大地拓展了设计创意的可能性。

图3-1 三角形省道及对应版片

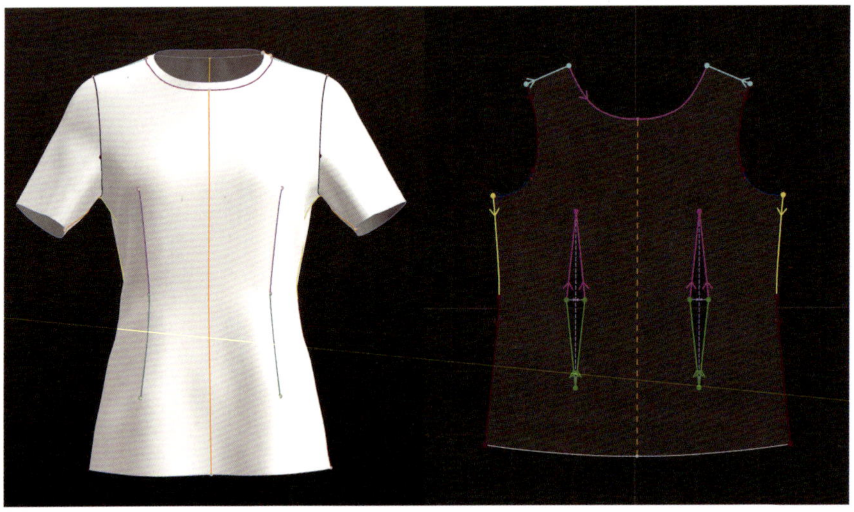

图3-2 菱形省道及对应版片

一、省道变化

在服装制版中，常见的省道包括胸省、腰省、肩省、袖窿省、侧缝省、背省、领省、肘省、臀省、腹省、公主线省、刀背省、前中省、后中省和下摆省，它们分别位于服装的不同位置，可使布料更好地贴合人体曲线，塑造出合体且美观的服装造型（图 3-3）。

省道转移

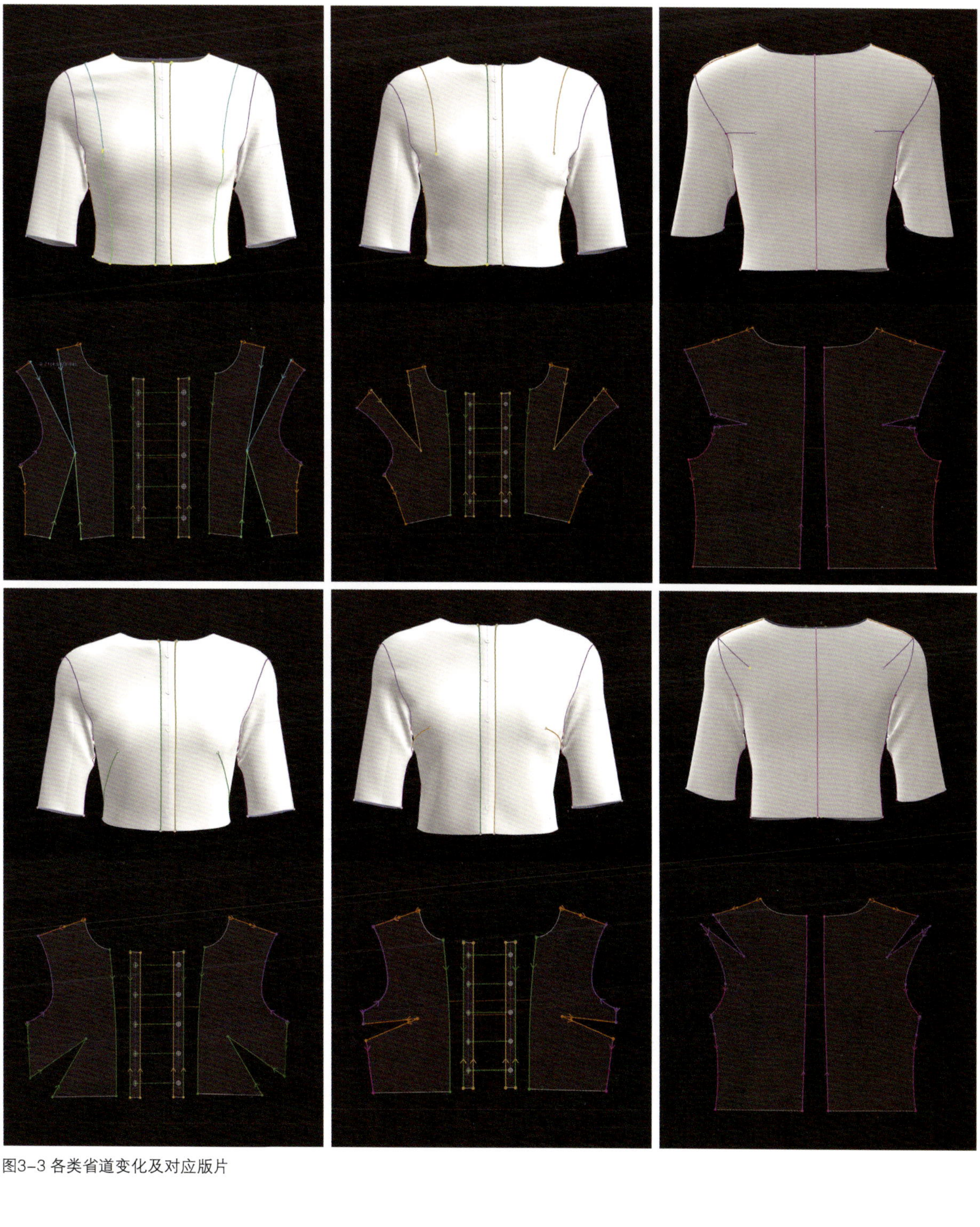

图3-3 各类省道变化及对应版片

二、省道的创新应用

服装省道的工作原理是通过剪裁和缝合，将平面布料转换为立体结构，消除多余量，贴合人体曲线，塑造服装轮廓，提高舒适性和活动性，并适应不同体型和款式需求。同时，省道还有一定的装饰作用，通过以下案例，可以看到省道与分割线结构，在不增加额外面料的前提下，能够衍生出各类创意3D廓形（图3-4）。

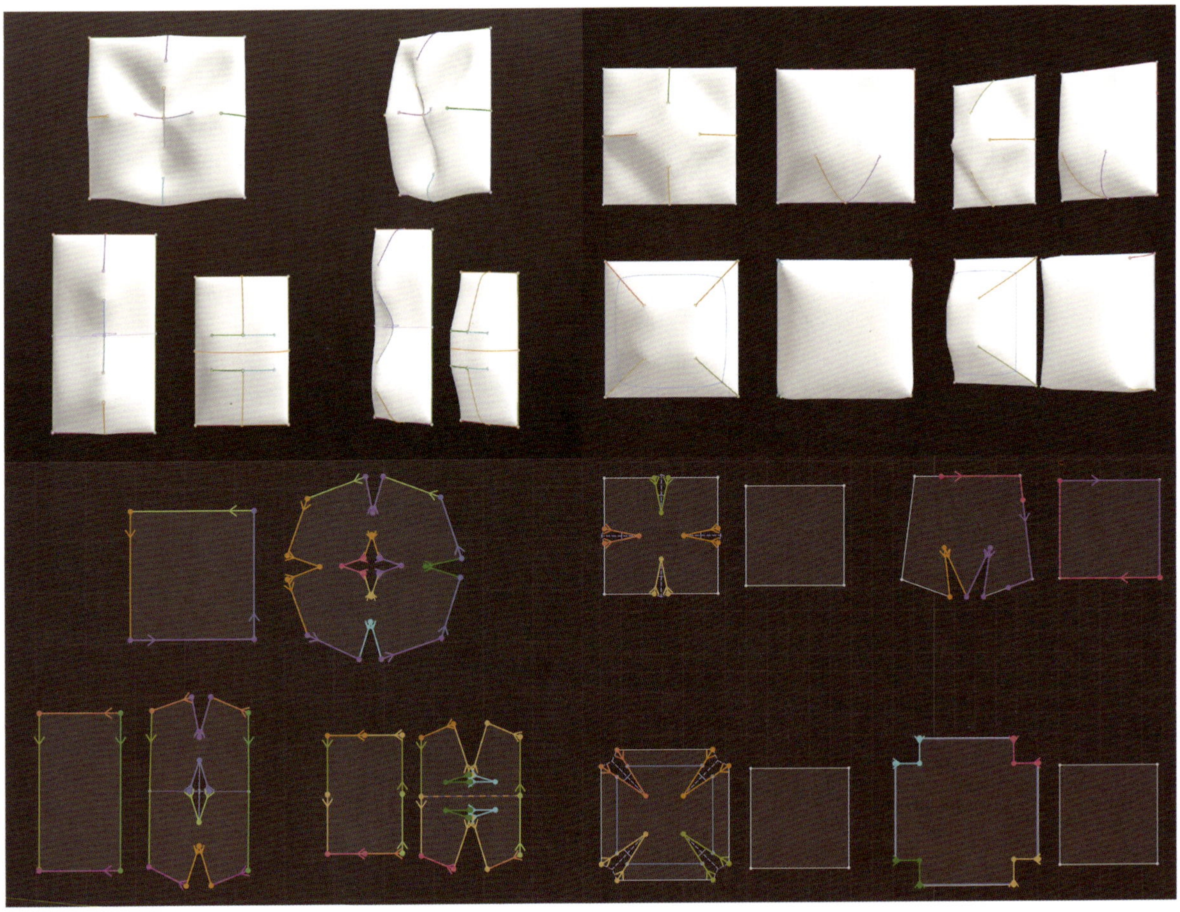

图3-4 各类省道设计及对应版片

第二节　袖子设计

在服装制版中，袖子版型结构的难点主要是袖山与袖窿的匹配，需要精确计算以确保袖子与衣身的贴合度和外观平整性。袖山过高会导致袖子紧绷，影响活动自由度；过低则会使袖子松垮，缺乏立体感。袖窿的形状和尺寸也必须与袖山完美配合，否则会出现褶皱或空隙，影响整体美观。特别是有些袖型需要加入垫肩等填充物才能制作出特有的造型，这些都增加了制版的复杂性。在 Style3D 中，可以通过用系统设置好的“延展点”和“延展线段”等快捷功能进行快速调整。

一、延展点设置

延展功能键相当于实际打版过程中的插片作用。点击工具栏“延展点”，选中袖笼线顶点位置，从该位置做一条垂直线到袖口线上，将袖片分成两半，选择左半边向左移动，按右键，在延展弹窗口输入数值调整延展角度（向左移动数值为负，向右移动数值为正），点击“确认”，完成延展动作（图 3-5）。

在调整延展的过程中，需要注意袖笼线和袖口边缘线的弧度，点击工具栏“编辑曲线”，框选所需要调整的延展点，右键选择“转换为曲线控制点”，删除凹陷处或不平整线条上的点（图 3-6），以达到顺滑弧线的目的（图 3-7）。如果少了“转换为曲线控制点”步骤，在删除点位后会把部分袖片删除。

延展点功能

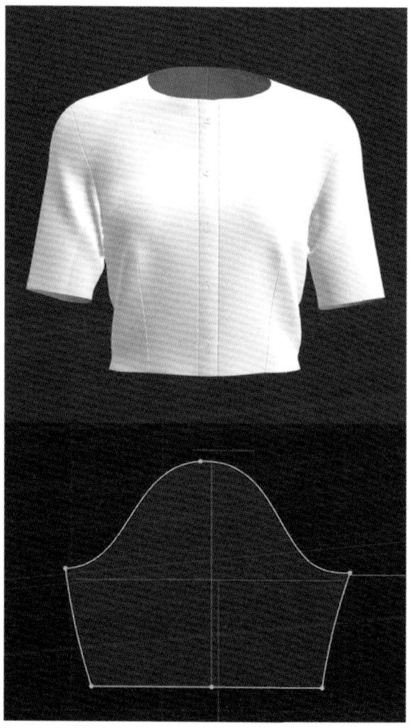

图3-5 延展前袖片

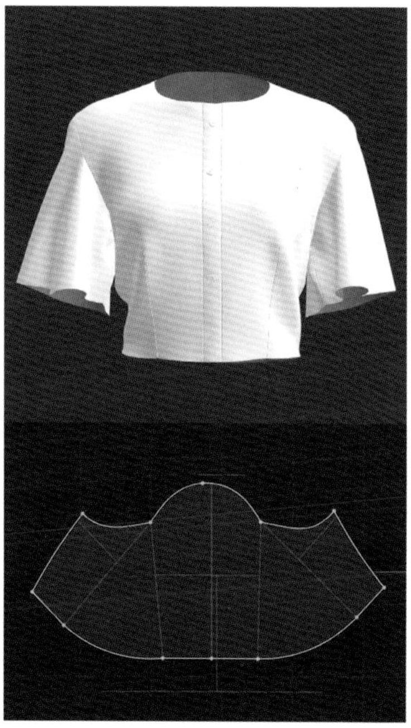

图3-6 延展后袖片未顺滑袖笼线

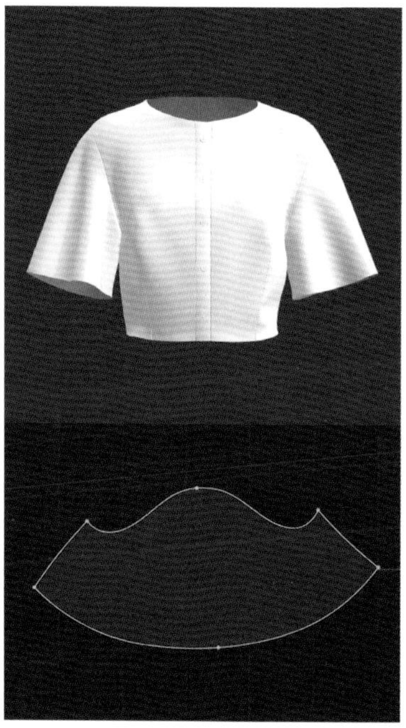

图3-7 延展后袖片顺滑袖笼线

二、延展线段处理

延展线段的操作步骤：点击“延展线段”，单击需要延展的固定侧起点和终点，袖笼线和袖口底边需要一起调整，两条线点击调整完后，在弹窗中输入需要延展线的数据，点击“确定”，完成延展动作。延展点和延展线段在使用过程中各有优势，两者的区别在于：“延展点”可以切割版片，进行局部分批调整，但后期需要通过删除“曲线控制点”来顺滑线条；“延展线段”则一键拉伸版片，不需要顺滑线条，但只能整体调整，不能延展调整局部版片（图3-8）。

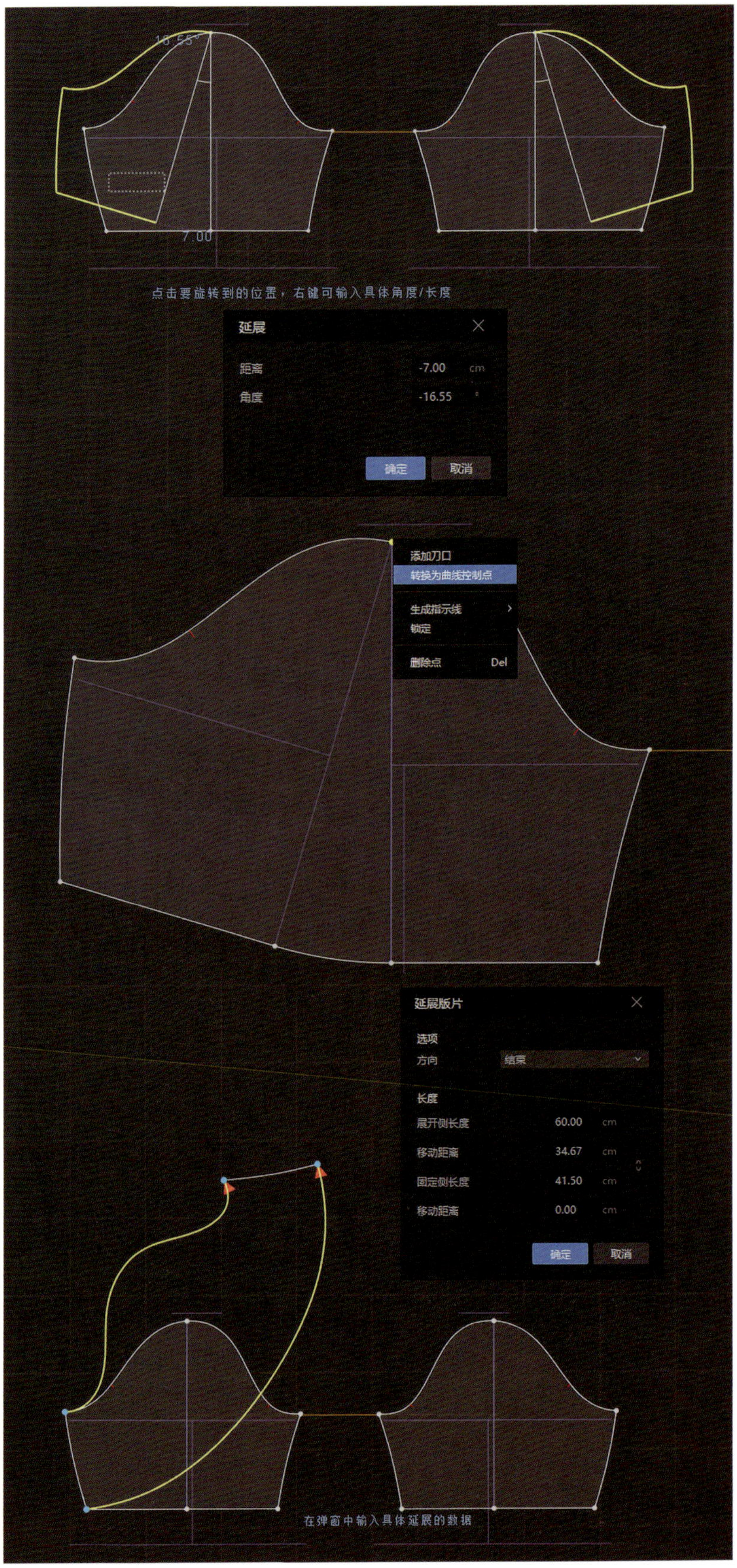

图3-8 延展线段顺滑操作步骤

三、创意袖型设计

在服装设计中，袖型设计是一种极具细节的版型结构设计。设计师需要从肩部的结构入手，考虑肩部的宽度、斜度以及与手臂的衔接关系。同时肩部的弧度要与袖子的肩缝自然贴合，才能保证穿着的舒适性和外观的流畅性。在袖型设计过程中，袖山的深度和弧线形状也极为关键，它决定了袖子与衣身的结合紧密度以及整体的立体感。其中，容易被忽略的关键点是袖子的活动性。袖口的大小和形状不仅要考虑美观，还要兼顾手臂的活动范围，避免因袖口过紧或过松而影响穿着体验（图3-9、图3-10）。

袖型变化

1. 长袖

图3-9 长袖袖型设计及对应版片

2. 短袖

图3-10 短袖袖型设计及对应版片

3. 插肩袖

在设计插肩袖时，需要注意肩线的弧度，以确保袖子的自然垂坠和舒适度，其中最关键的是肩点的位置，其直接影响袖子的合体度和活动自由度（图3-11）。在Style3D中，可以通过模特试穿的方式，直接观察上身效果。有些袖型直接与前片进行结合，将缝合线藏于手臂内部，这种袖型设计的优点是不影响图案，缺点就是非常贴身，需要注意穿脱方式或者使用弹性面料制作。

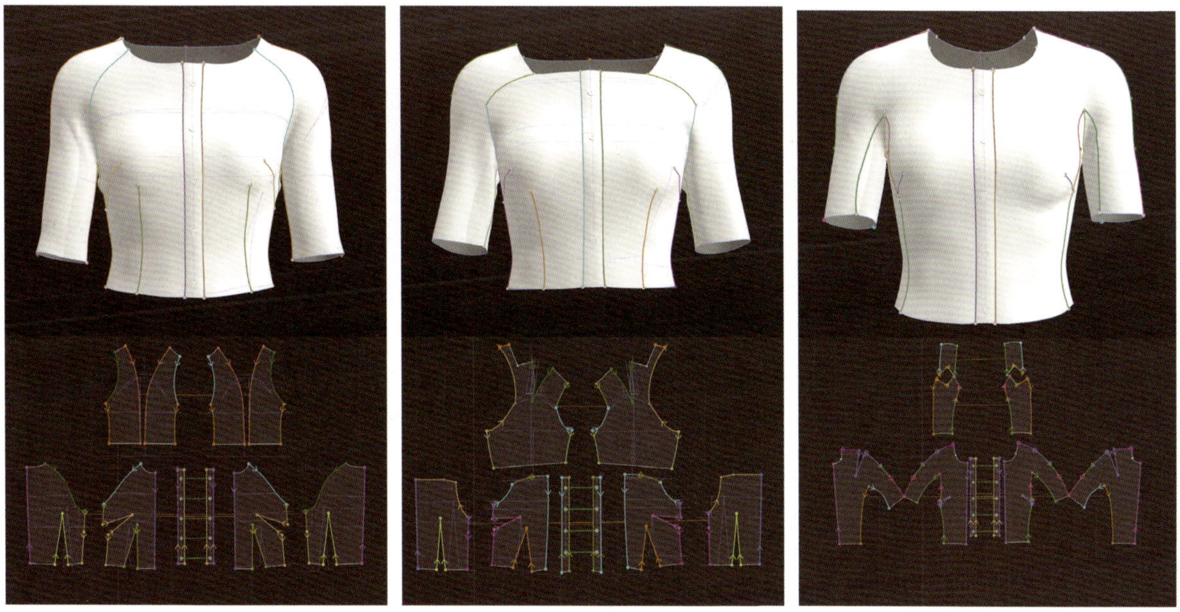

图3-11 插肩袖袖型设计及对应版片

4. 创意袖

袖型的长短直接影响大身比例的美观性，可以通过系绳的方式，灵活调节款式长短。同时扩大袖笼的尺寸，在袖片上加入抽褶元素，以达到增加大身体积量的目的。

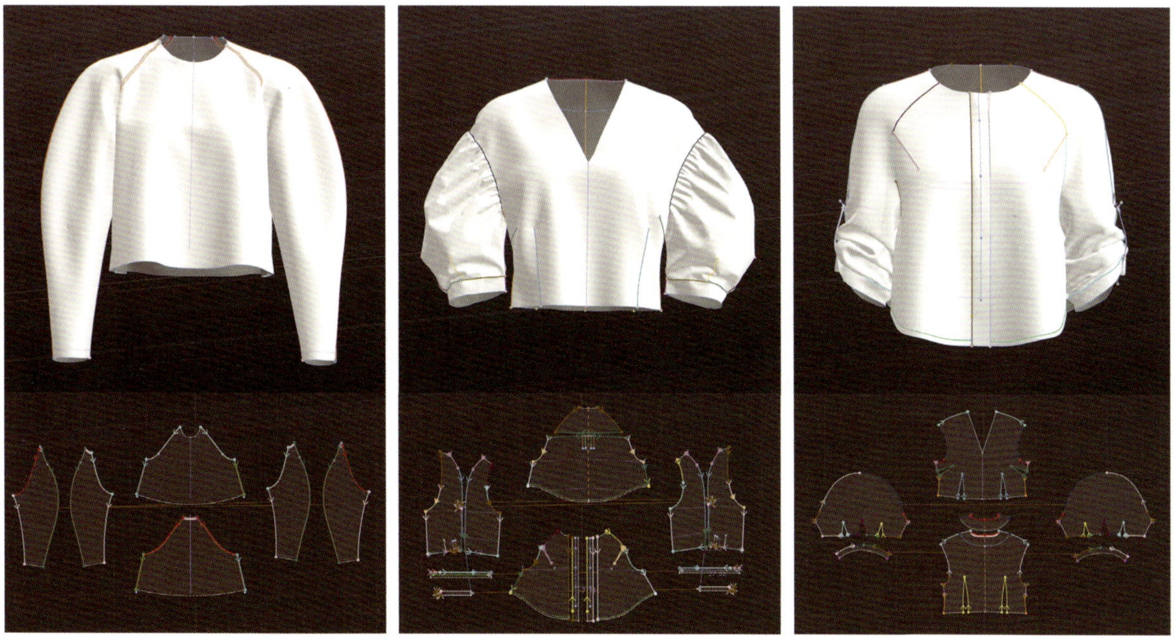

图3-12 创意袖袖型设计及对应版片一

在设计袖型细节时，可以将手臂想象成大身，把抽褶、堆褶、翻褶等工艺灵活运用在袖克夫和袖笼上，制造出立体效果（图 3-12）。同时还能通过降低袖笼线和肩线的方式，重塑大身与袖型的比例，营造出“松弛”感的风格（图 3-13）。

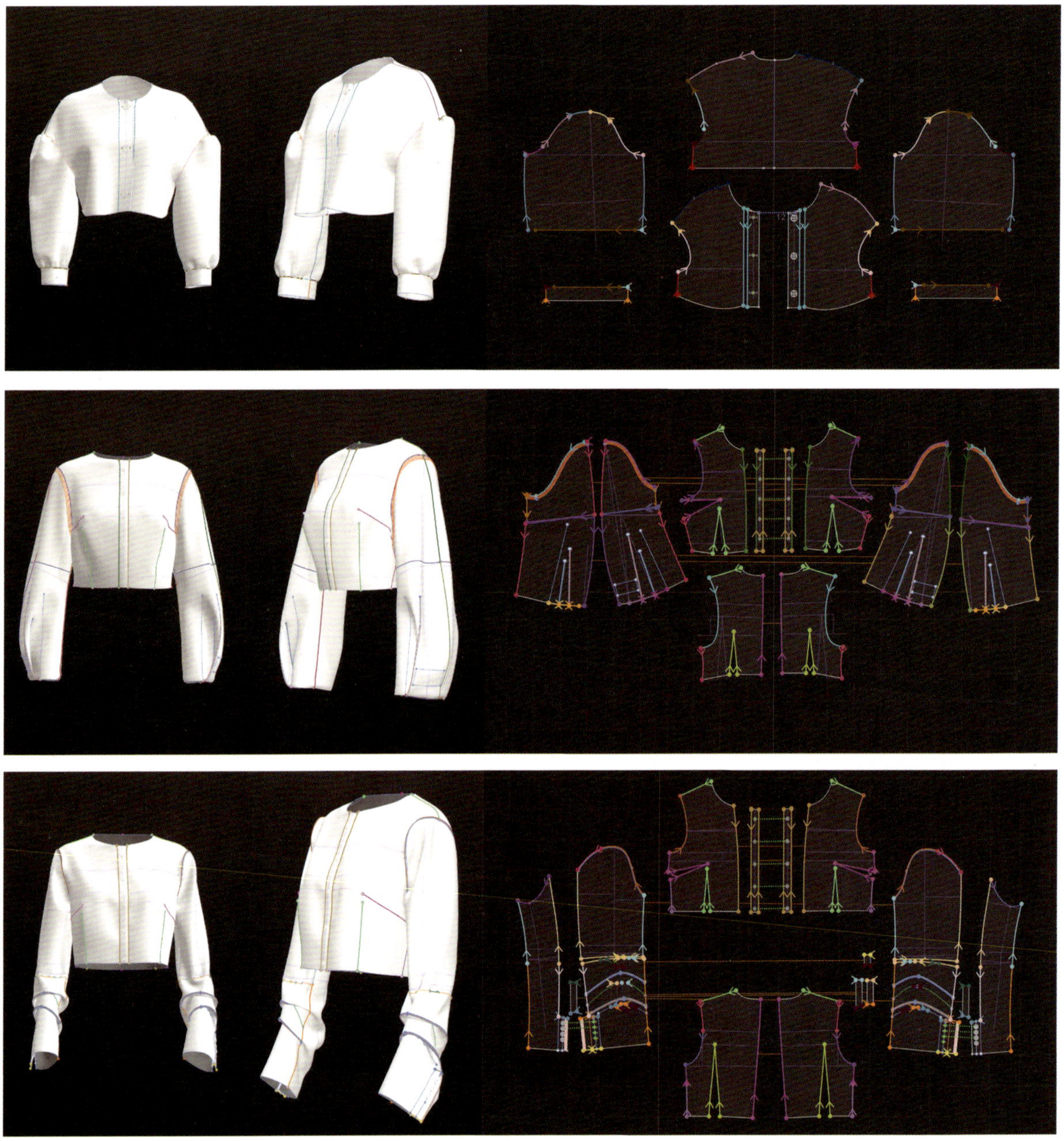

图3-13 创意袖袖型设计及对应版片二

第三节　袖克夫设计

袖克夫设计可从形状、尺寸和装饰元素入手。形状上，有经典圆形、现代方形及独特异形；尺寸上，调整长度和宽度，实现精致或夸张效果；装饰元素是关键，如通过翻折、褶边、荷叶边等来增加层次。这些设计点既能突出袖克夫的装饰性，又能与整体服装风格协调，成为服装亮点（图3-14）。

袖克夫制作

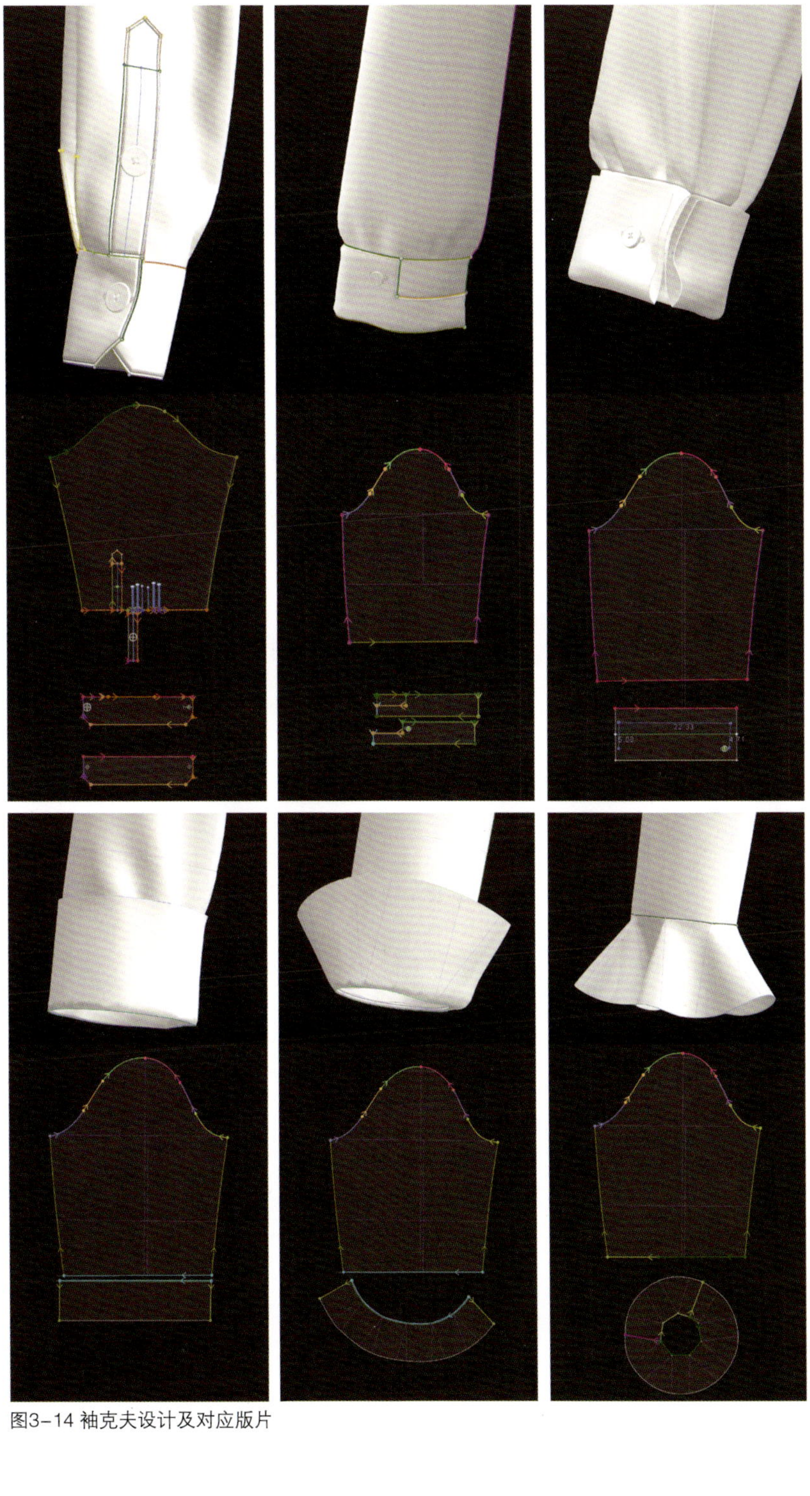

图3-14 袖克夫设计及对应版片

第四节 领子设计

领子在服装设计中具有丰富的设计点，主要体现在以下几个方面：形状上，有圆领、V 领、方领、立领、翻领等多种形式，每种领型适合不同的脸型和风格；尺寸上，领口的大小、领子的高度和宽度都可调整，以适应不同的设计需求；结构上，可设计成单层、双层或多层，以增加层次感；装饰上，可通过褶边、刺绣、蕾丝、纽扣等元素提升美观度；功能上，领子还可设计成可拆卸或可调节的，来增强实用性。这些设计点使领子不仅能修饰身形，还能成为服装的亮点，彰显个性与风格（图 3-15）。

一、基础款

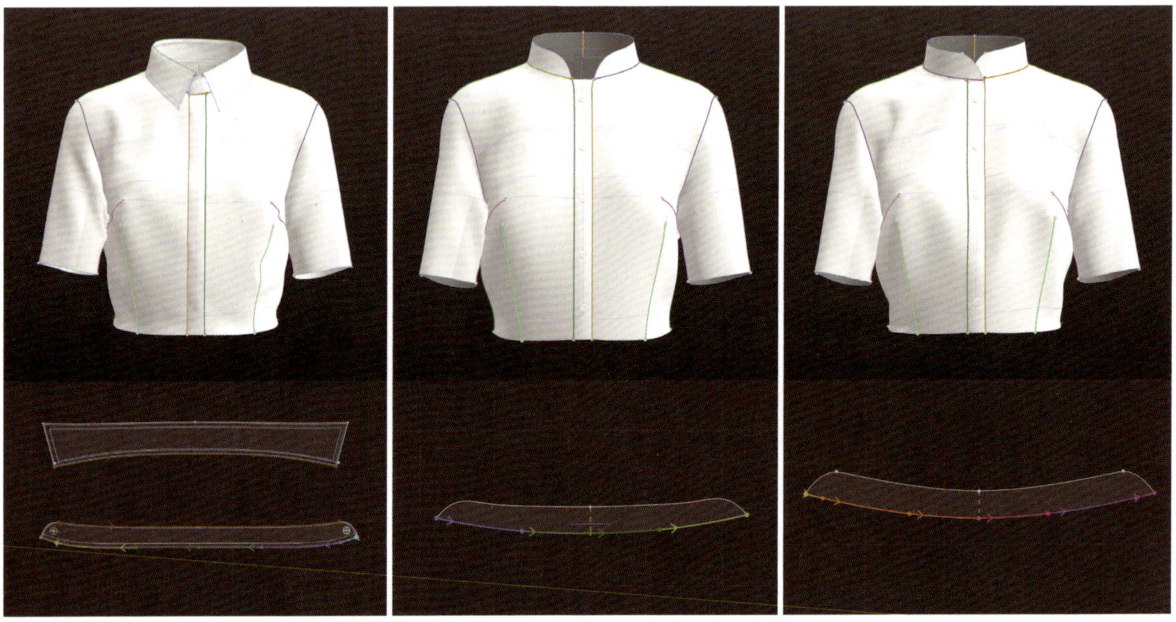

图3-15 基础款领子设计及对应版片

二、创意款

在一般情况下，领子在门襟两侧作对称的单层设计；在创意款中，可以探索领子的不同尺寸，同时还可以灵活设计领子的层次，增加趣味性（图3-16）。

设计款领子制作

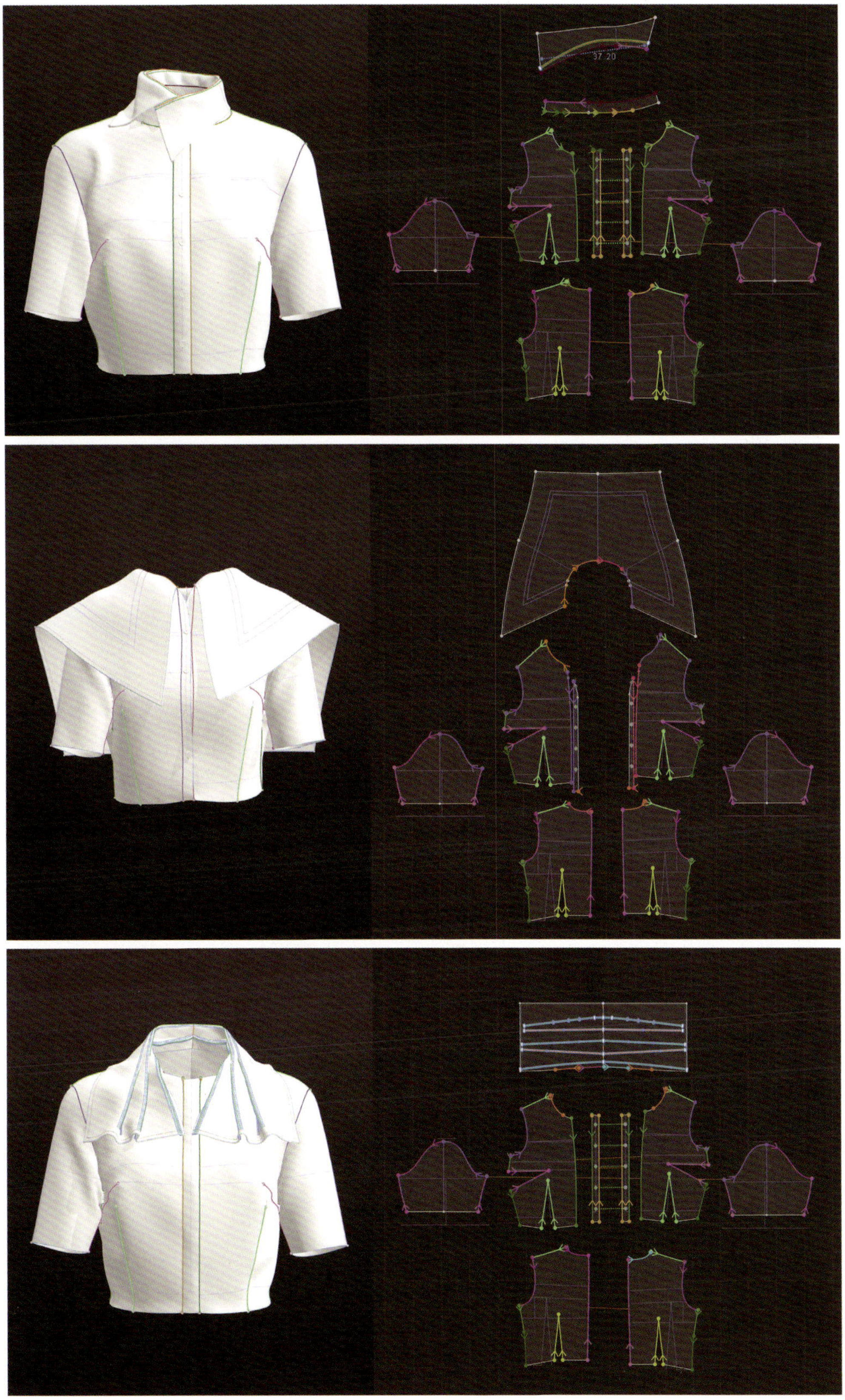

图3-16 创意款领子设计及对应版片

第五节　口袋设计

口袋在服装设计中是实用与装饰兼具的重要元素，设计点丰富多样。其位置可在胸前、腰部、侧缝或后背，满足不同功能与视觉需求。形状上，口袋有方形、矩形、圆形、斜插形等，还可设计成贴袋、插袋、挖袋等结构形式。尺寸上，口袋大小可根据实际用途调整，如大口袋适合装载物品，小口袋则更显精致。装饰上，添加拉链、纽扣、刺绣、褶皱等元素，以提升口袋的美观性。功能上，还可设计多功能口袋，如带隔层、防水功能等。这些设计点使口袋在满足实用需求的同时，也成为服装设计的亮点，增强整体造型感（图3-17~图3-19）。

口袋制作

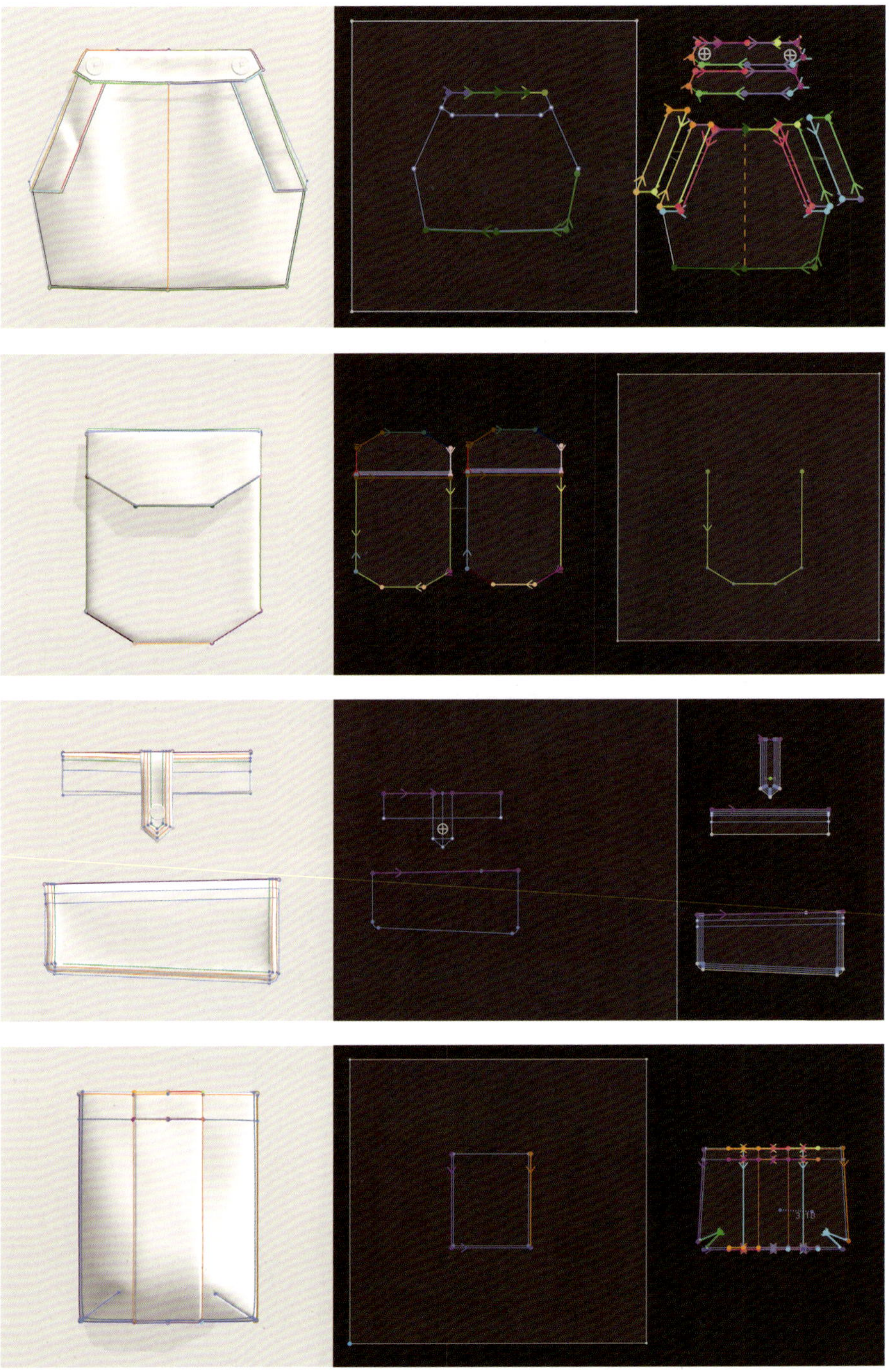

图3-17 口袋设计及对应版片一

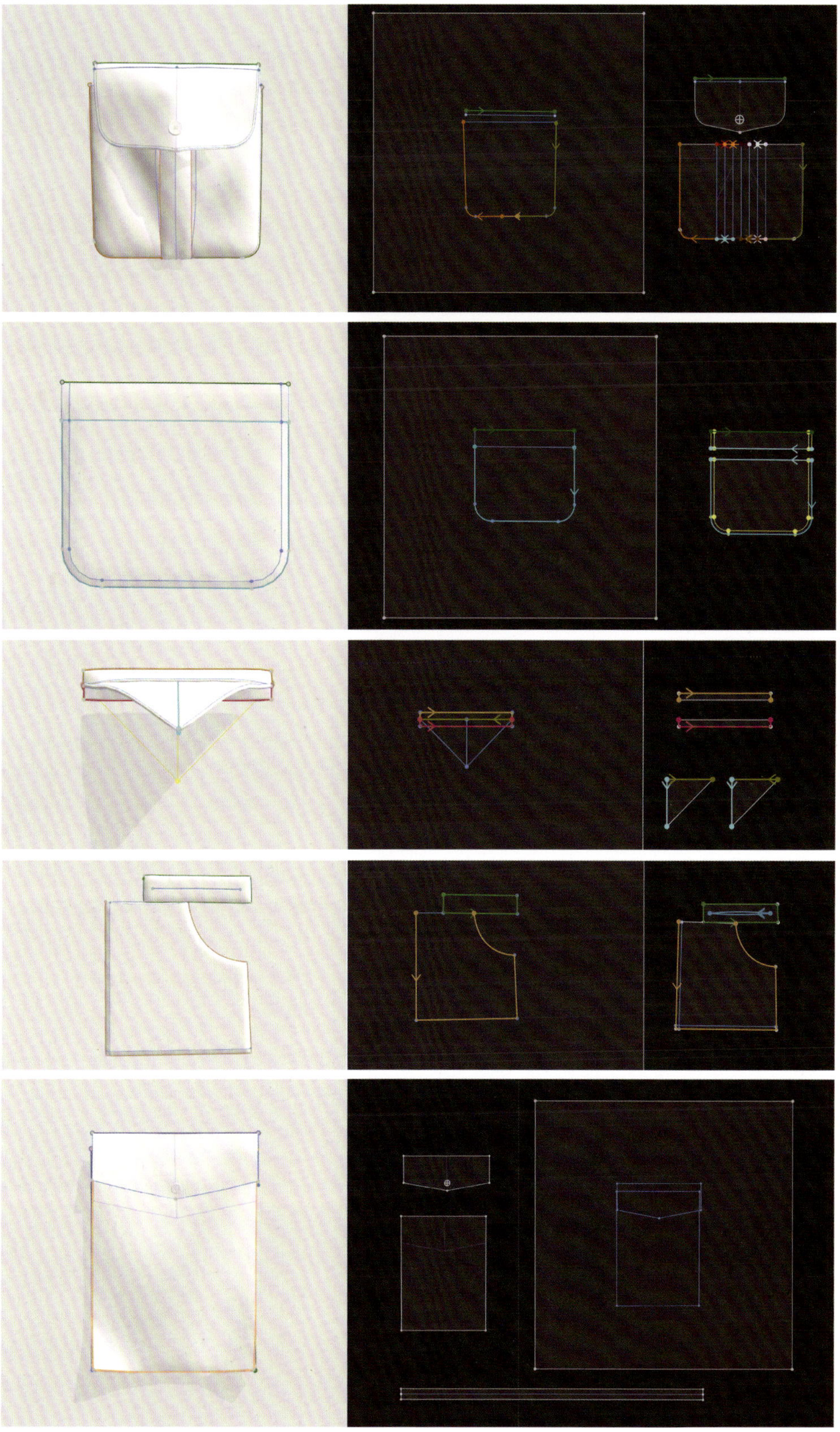

图3-18 口袋设计及对应版片二

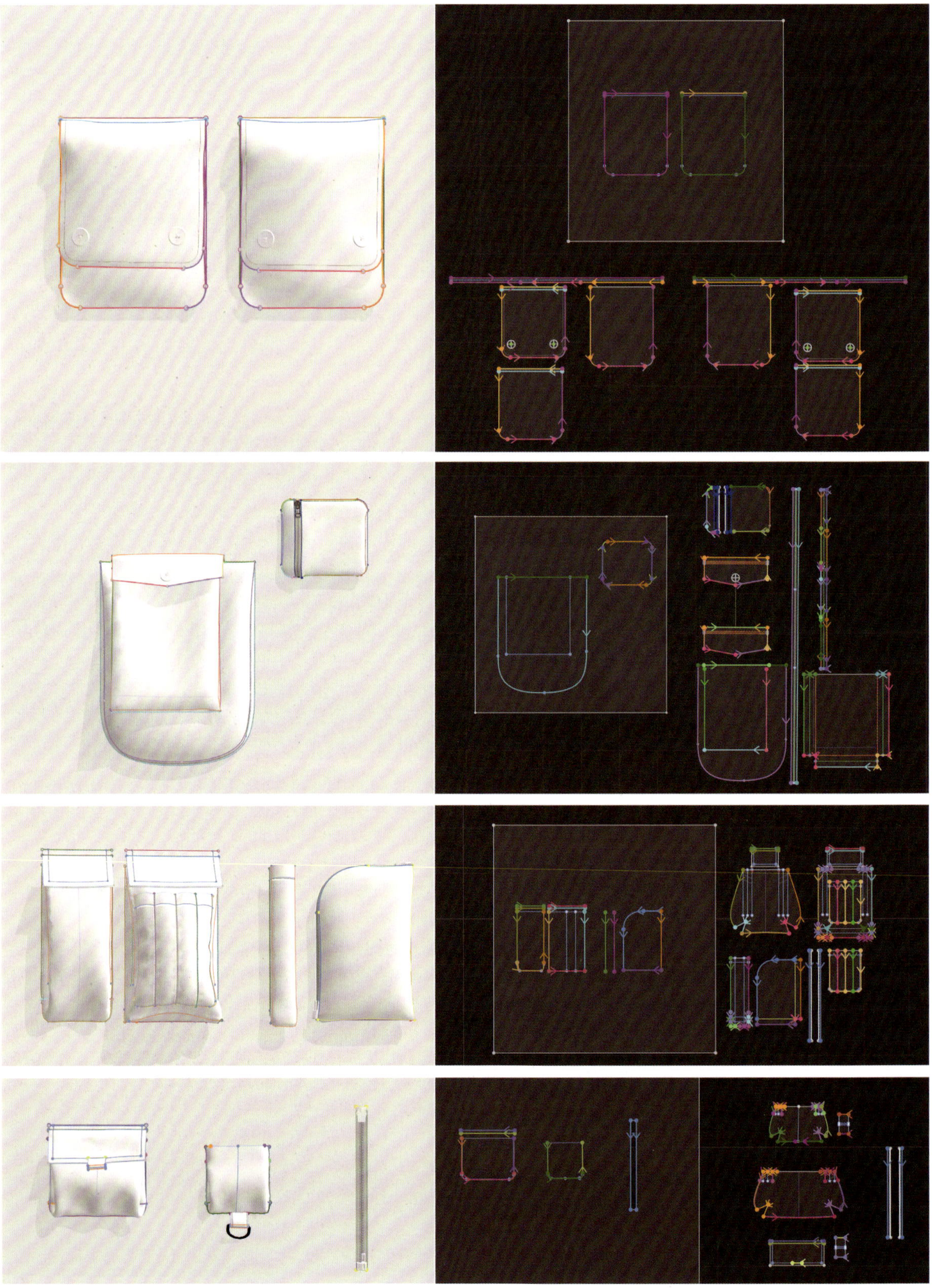

图3-19 口袋设计及对应版片三

第六节　腰头设计

腰头在服装设计中是重要的造型和功能元素，具有多样的设计点。形状与结构方面，可采用双层腰头、翻折腰头、解构分层、无腰头设计或残缺腰头等，通过不同层次和结构塑造独特视觉效果。尺寸与比例上，调整腰头的宽度和高度，能改变服装整体比例。装饰与功能上，可运用系扎绑带、镂空设计、不对称造型、搭袢装饰、穿绳绑带、腰部镂空或异质拼接等手法，增加时尚感和层次感。功能与实用性方面，可调节松量和抽绳缩褶设计突出腰线，提升穿着的舒适性和实用性。这些设计点使腰头不仅满足实用需求，还能成为服装的亮点，增强整体造型感和时尚感（图3-20）。

腰头制作

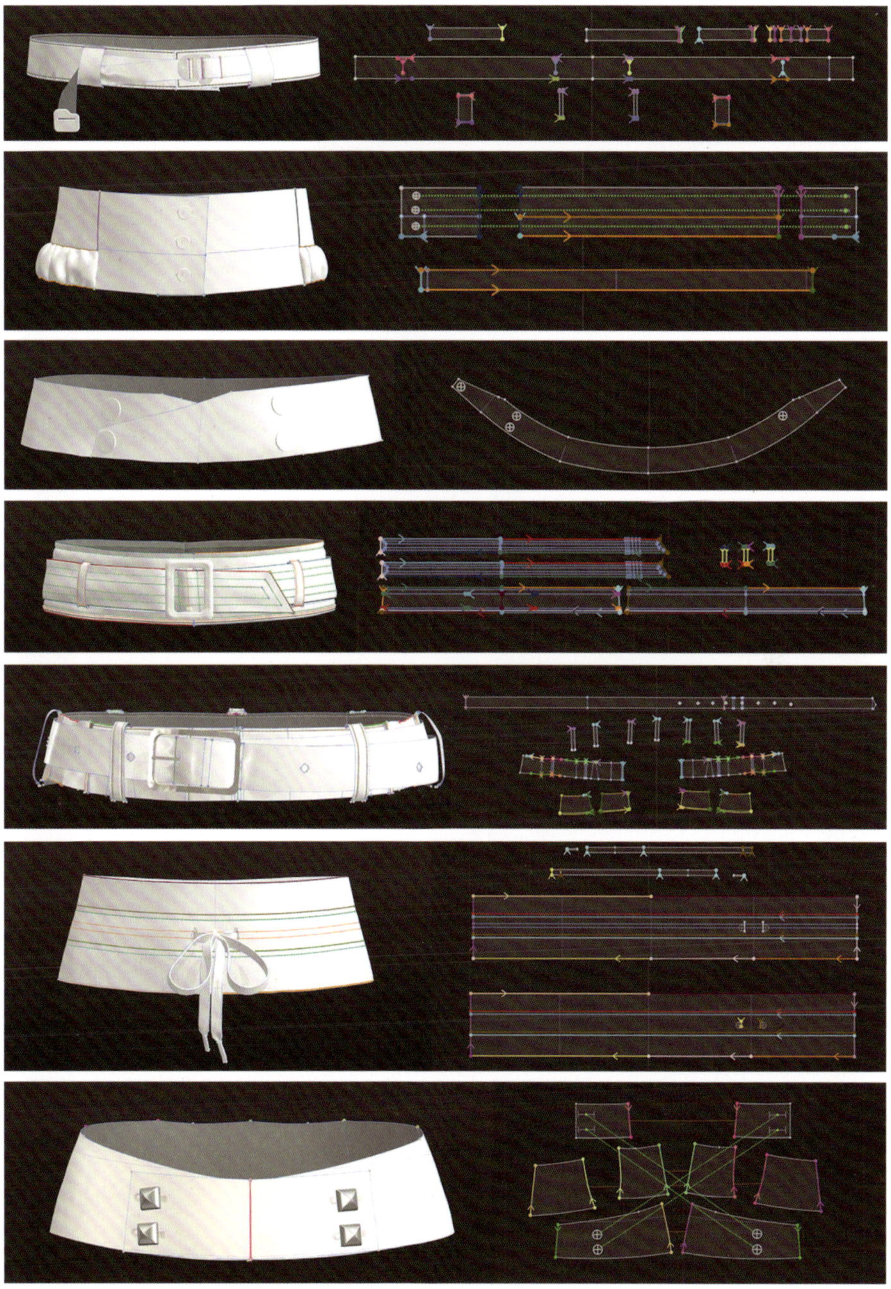

图3-20 腰头设计及对应版片

第七节 拉链设计

在 Style3D 数字化设计平台中，拉链由多个功能组件组成，包括拉片、拉头、拉牙齿、布带、上止和下止等核心元素（图 3-21）。这些部件不仅能够实现传统的开合功能，更可以通过创意设计转化为独特的装饰元素。例如，拉头和拉片可以被重新定义为时尚配饰，作为耳环佩戴于模特耳部，或作为胸针点缀于服装前襟，为整体造型增添前卫感与设计趣味。这种跨功能的设计思维突破了传统配件的使用局限，为服装设计提供了更多创新可能，同时也体现了数字化设计工具在创意表达方面的独特优势。

拉链素材的应用与修改

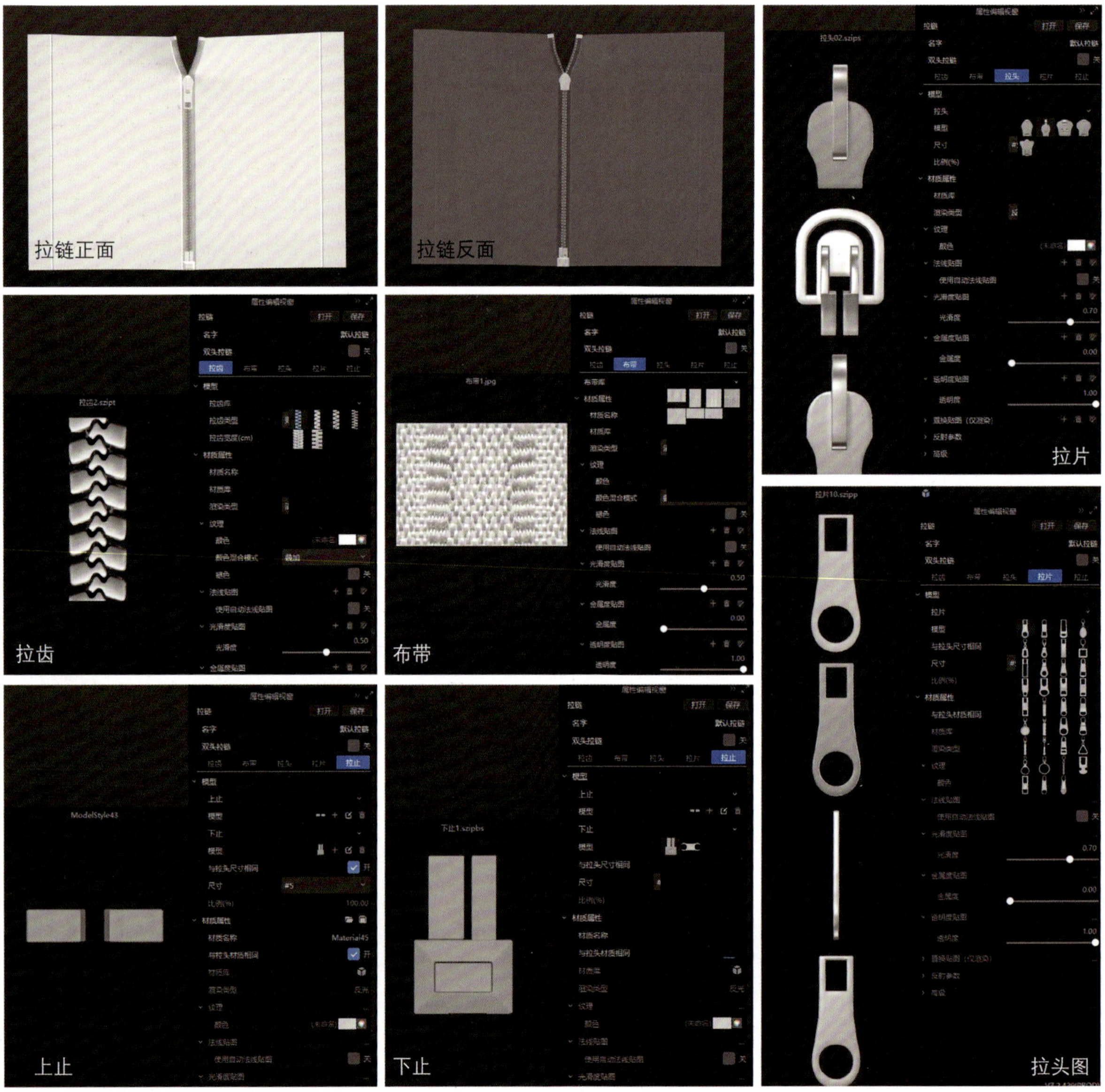

图3-21 拉链各个部位名称及所对应的设置选项

第八节 纽扣设计

在Style3D中进行纽扣设计时，可以通过操作界面菜单工具栏中的“素材”选项进入“纽扣”模块。系统预设了多种基本款式的纽扣，为个性化设计提供了基础（图3-22）。设计师可重点从色彩配置与材质搭配两个维度进行创新：色彩系统支持精确的色值输入与实时预览，而材质库（图3-23、图3-24）则整合了包括天然织物、合成材料、金属合金等在内的多样化材质，支持材质属性的精细化调节。通过灵活运用这些设计元素，设计师能够创造出既符合款式风格又具有独特美感的纽扣，充分满足从高端定制到大众成衣的不同设计需求。

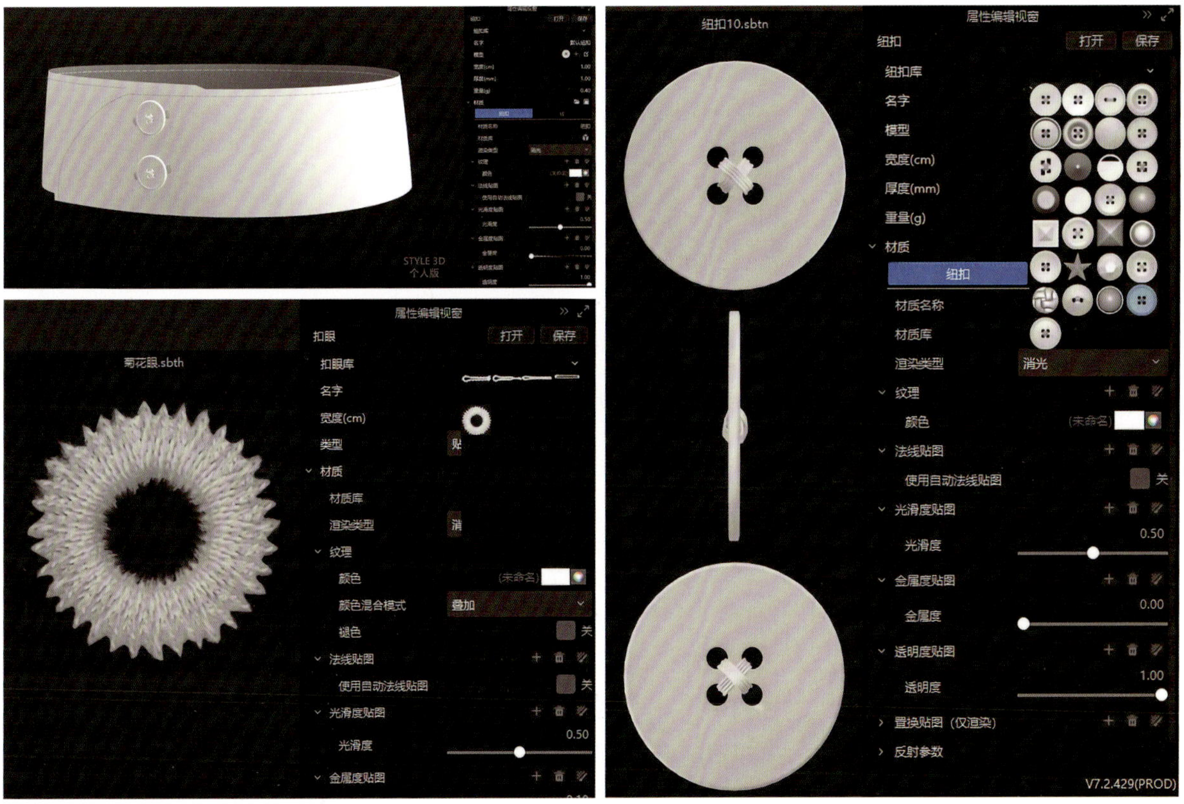

图3-22 纽扣形状及扣眼素材库

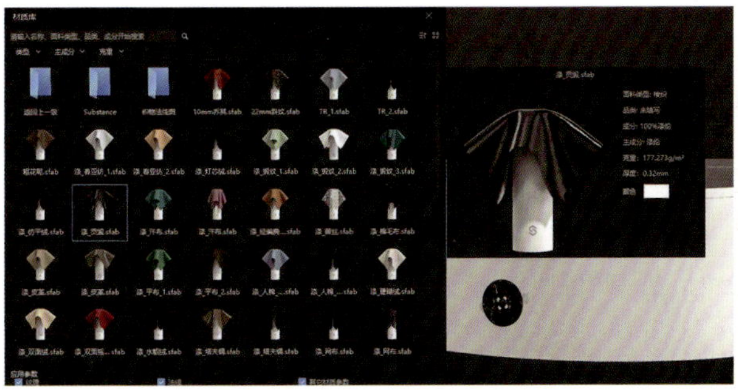

图3-23 布料纽扣材质库

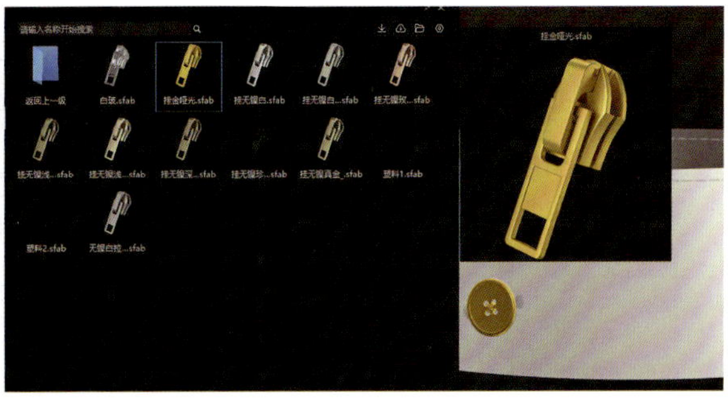

图3-24 金属纽扣材质库

第九节 袜子设计

袜子设计在配饰设计领域中颇具挑战性，因其款式多样，版型差异显著。在长袜设计中，如图3-25所示的长袜，可以替换面料，改造成为堆堆袜等一系列的装饰性配饰。在短袜设计中，如图3-26所示的两款常见袜型，面积小，缝纫线较多，设计拓展空间有限。值得注意的是，在Style3D中为确保袜子与鞋子的适配性，需将袜子版片精准固定在脚部模型上，以避免穿鞋时出现穿模问题。

袜子制作

一、长袜

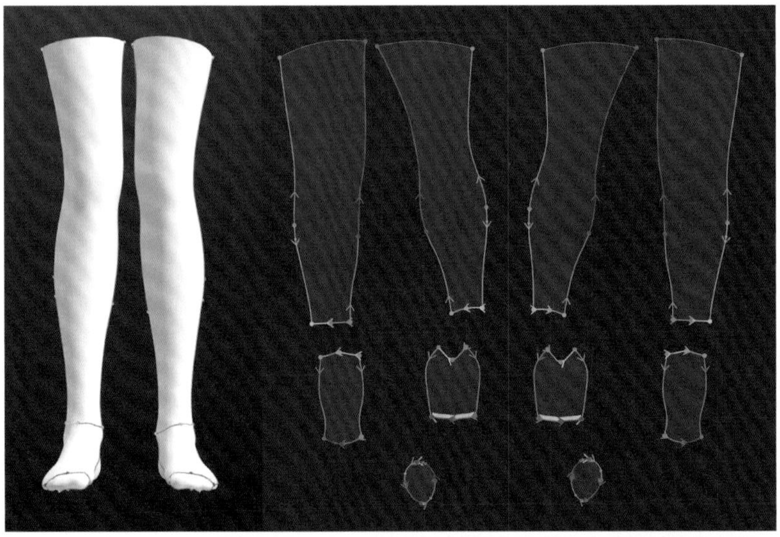

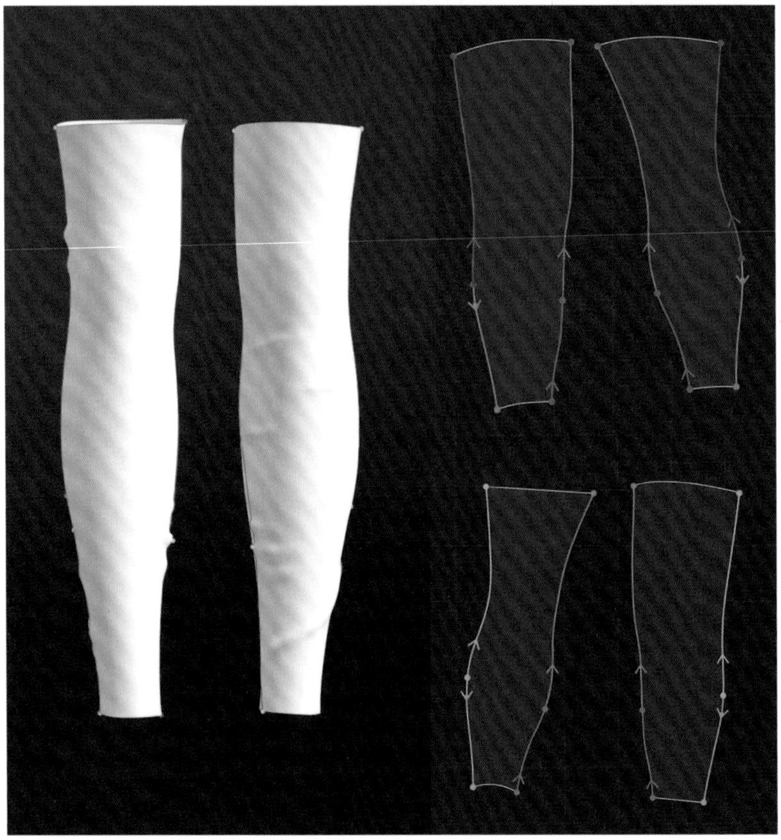

图3-25 长款设计及对应版片

二、短袜

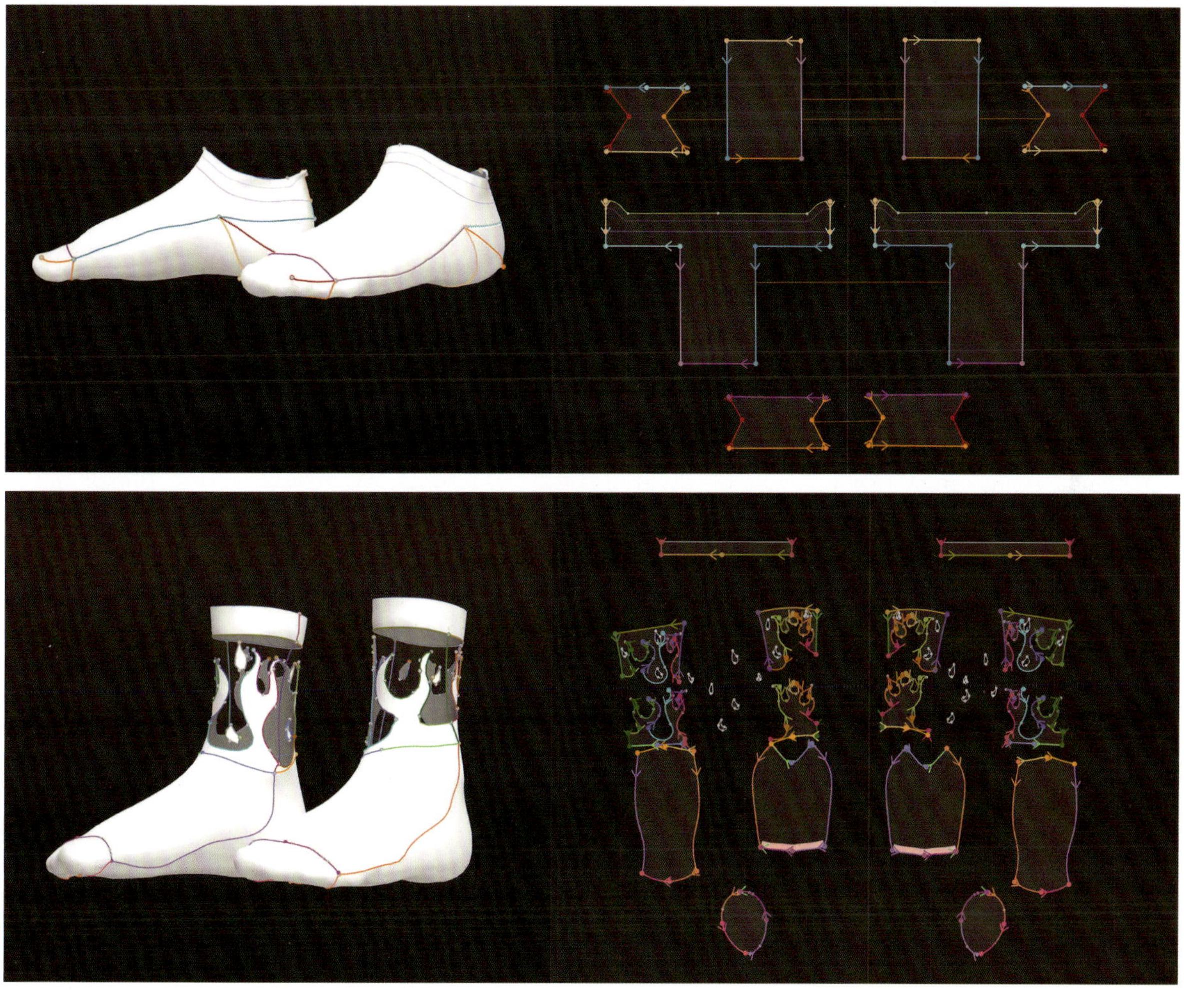

图3-26 短袜设计及对应版片

第4章

面料数字化设计

第一节 Fabric操作界面

Style3D Fabric 是一款专业的数字面料设计与处理软件，旨在为服装设计和面料开发提供高效、精准的数字化解决方案。它能够快速且精准地捕捉面料的物理属性和纹理细节，通过先进的扫描技术，真实还原面料的色彩和质感。软件支持多种贴图类型，如纹理贴图、法线贴图、光滑度贴图等，以实现面料的凹凸效果、透明度和光泽感。此外，Style3D Fabric 还具备实时编辑和预览功能，用户可以快速调整面料的颜色、纹理和物理属性，并即时查看效果。其面料库功能则提供了丰富的材质选择，方便用户管理和筛选不同类型的面料。通过与 Style3D 硬件设备的无缝对接，该软件还能实现面料的自动化测量和数字化管理，极大地提高了工作效率。

Style3D Fabric 操作界面与 Studio 相似，主要分为菜单工具栏、2D 视窗、3D 视窗和属性编辑视窗四大核心功能区域（图 4-1）。菜单工具栏主要罗列各类功能键；2D 视窗实时显示各种贴图效果，提供精准的贴图编辑功能；3D 视窗主要展示动态面料平铺效果，支持实时物理渲染，提供多角度观察功能；属性编辑视窗集成面料物理属性调节，支持参数化控制。

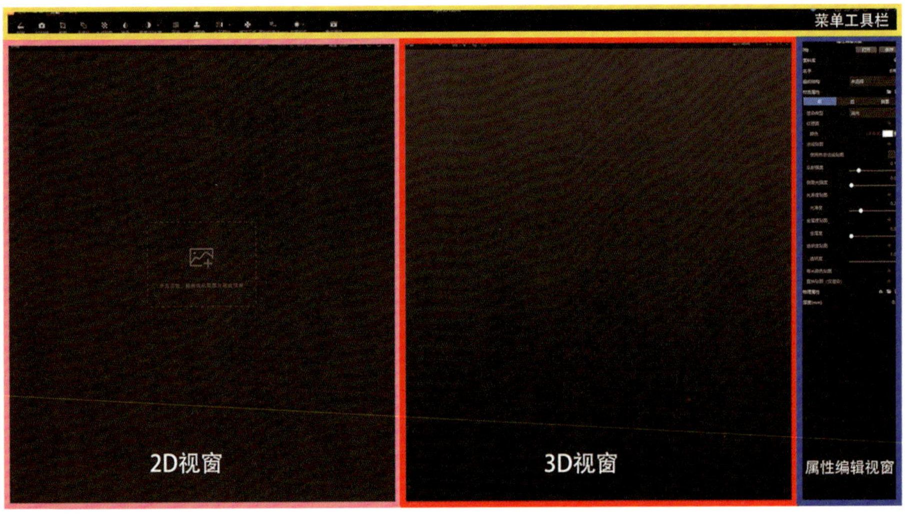

图4-1 Fabric操作界面

Style3D Fabric
界面介绍与工具详解

第二节　贴图生成

贴图生成是对面料进行分层处理的技术过程，旨在实现软件对图像特征的精准识别，从而生成高质量的渲染效果图。具体操作流程如下：在 Fabric 界面顶部的菜单栏中，选择“生成贴图”功能，随后在弹出的参数设置窗口中点击“贴图类型”选项。系统提供多种专业贴图类型供用户选择，包括：用于表现材质透明特征的透明纹理图，呈现表面凹凸细节的法线贴图，控制材质反射特性的光滑度贴图，模拟金属质感的金属度贴图，调节材质透光程度的透明度贴图，以及展现表面深度变化的置换贴图。

一、纹理贴图（图4-2）

用来表示面料的基础纹理与颜色，是最基本的外观效果。容差小，选取的颜色范围就窄，只选中与点击处颜色非常相近的区域；容差大，则会选中更大范围的相似颜色。图 4-2b 为透明纹理贴图；图 4-2c 为只添加颜色，不使用纹理贴图的效果；图 4-2d 为使用纹理贴图的效果。

图4-2 纹理贴图

Style3D Fabric
贴图制作

二、法线贴图（图4-3）

法线贴图用于表现面料纹理的凹凸效果，其原理是通过计算光线的反射方向进而产生视觉误差，法线贴图通常为浅蓝色。法线贴图的作用是更凸显图案细节立体的效果。图 4-3c 为无法线贴图，仅有纹理贴图的效果；图 4-3d 为使用法线贴图的效果。通过对比可以看到，后者的立体效果更为明显。

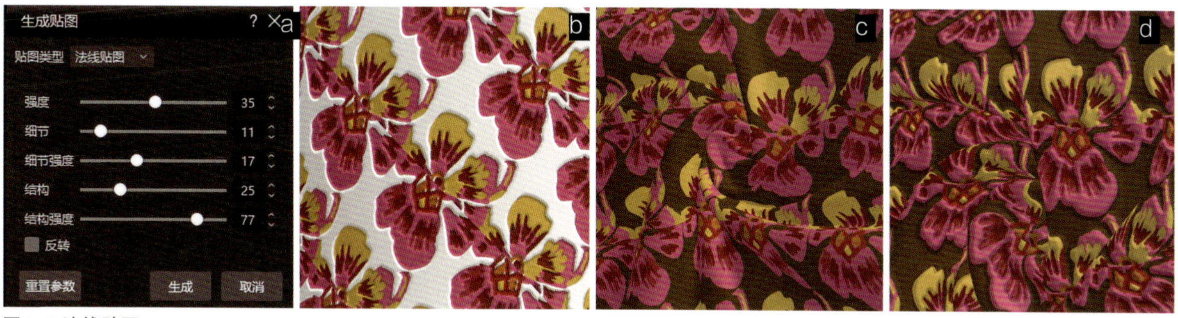

图4-3 法线贴图

三、透明度贴图（图4-4）

透明度贴图目的是提升图案镂空的效果，若需使面料的指定区域变透明，可导入透明贴图（图4-4a）。该贴图中黑色区域的透明度会随着透明度调整而改变，白色区域不受影响。透明度贴图常用于镂空面料，如蕾丝面料、网眼面料、半透明面料等。需要注意的是，在参考“生成贴图”窗口中的图像显示时，显示黑色的区域为透明效果，白色则为不透。图4-4c为纹理贴图加法线贴图，无透明度贴图的效果；图4-4d为有透明贴图的效果。

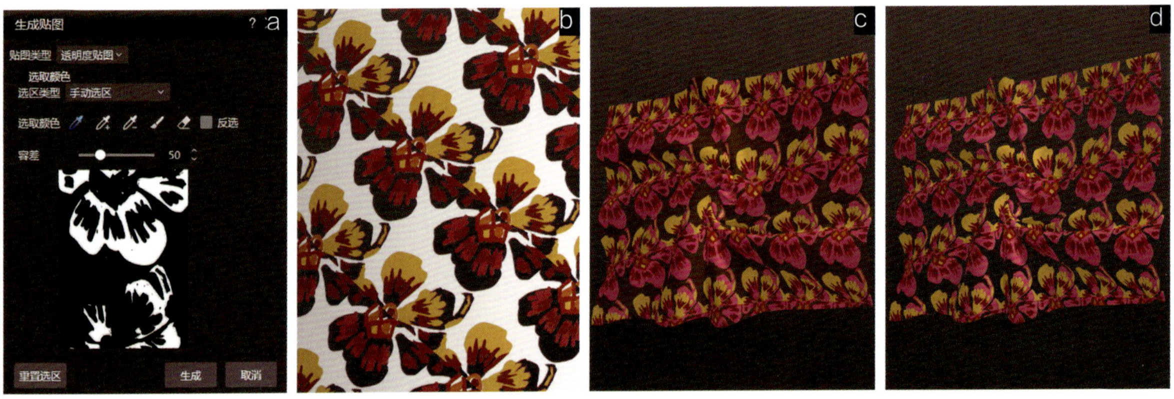

图4-4 透明度贴图

四、光滑度贴图（图4-5）

若需使光滑度的调整仅应用在指定的区域时，可导入光滑度贴图。图中白色区域的金属都会随着光滑度的调整而改变光滑度，黑色区域则不受影响。需要注意的是，该贴图通常和金属度贴图同时使用。图4-5c为纹理贴图加法线贴图，无光滑度贴图的效果；图4-5d为有光滑度贴图的效果。通过对比可以看到，法线强度越强，光滑度效果越弱。

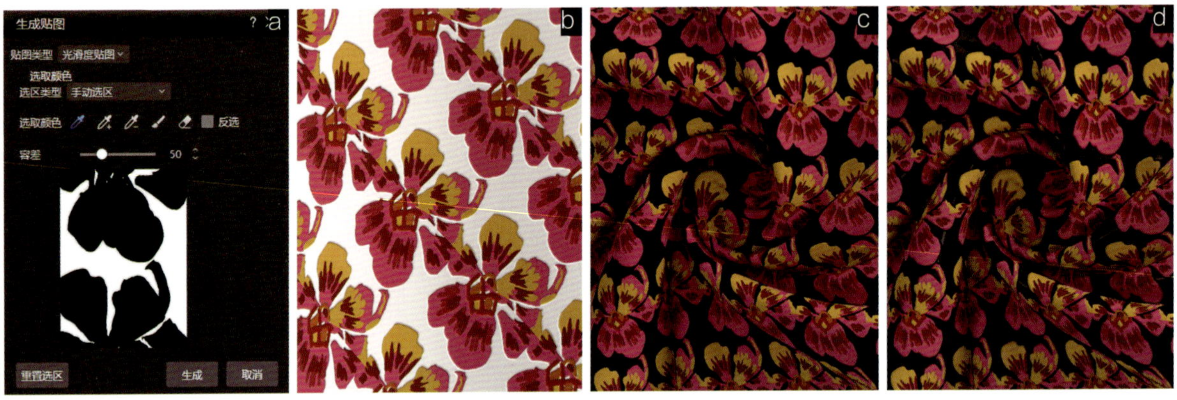

图4-5 光滑度贴图

五、金属度贴图（图4-6）

若需使金属度的调整仅应用在指定区域时，可导入金属度贴图。图中白色区域金属度的调整改变金属光泽，黑色区域则不受影响。该种贴图常用于有局部亮丝、局部反光条的面料，该种贴图与光滑度贴图同时使用时，金属光泽效果更为明显。图4-6c为纹理贴图加法线贴图加金属贴图效果；图4-6d在前者基础上添加光滑度效果。可以看到后者的金属反光度更为明显。

图4-6 金属度贴图

六、置换贴图（图4-7）

若需使面料的指定区域出现高度感，可导入置换贴图。法线贴图是使用特定的手段来达到“欺骗视觉”的目的，让人以为物体的表面是凹凸起伏的；而置换贴图却是真实地将模型的顶点进行偏移，在原本的平面上创造出凹凸的效果。同时需要模型有足够多的顶点数量，否则达不到比较好的效果。凹凸区域的高度会随透黑白灰的变化发生改变，白色最亮的部分凸起最高。置换贴图常用于有一定体积感的面料，如摇粒绒、短毛类、纱线较粗且有凸起的面料等（图 4-7）。

图4-7 置换贴图案例

第三节 图案效果处理

在属性编辑视窗中，最主要的是材质属性和面料属性两大类。其中，在预设窗口中具体选项有：胚布、棉类、牛仔、醋酸、亚麻、羊毛、涤纶、尼龙、真丝、针织、绒类、皮类、毛皮、辅料、其他等这几大类面料分类。具体面料物理参数类别有：拉伸、弯曲、变形率和变形强度等这几个关键参数。

Style3D Fabric
图案制作

一、具体操作步骤（图4-8）

第一步：在2D视窗中点击“添加”导入贴图，在第一栏“纹理图”选项中点击“浏览”导入图片（图4-8a）。

第二步：裁剪/联动裁剪：导入创作的图片后，点击功能栏“裁剪”，在2D视窗上手动调整四方连续图案的素材内容，可以在3D视窗中直观看到变化。对所需编辑的图形进行选择，使用裁剪功能时会将所有贴图一起裁剪（一般情况下建议勾选）（图4-8b）。

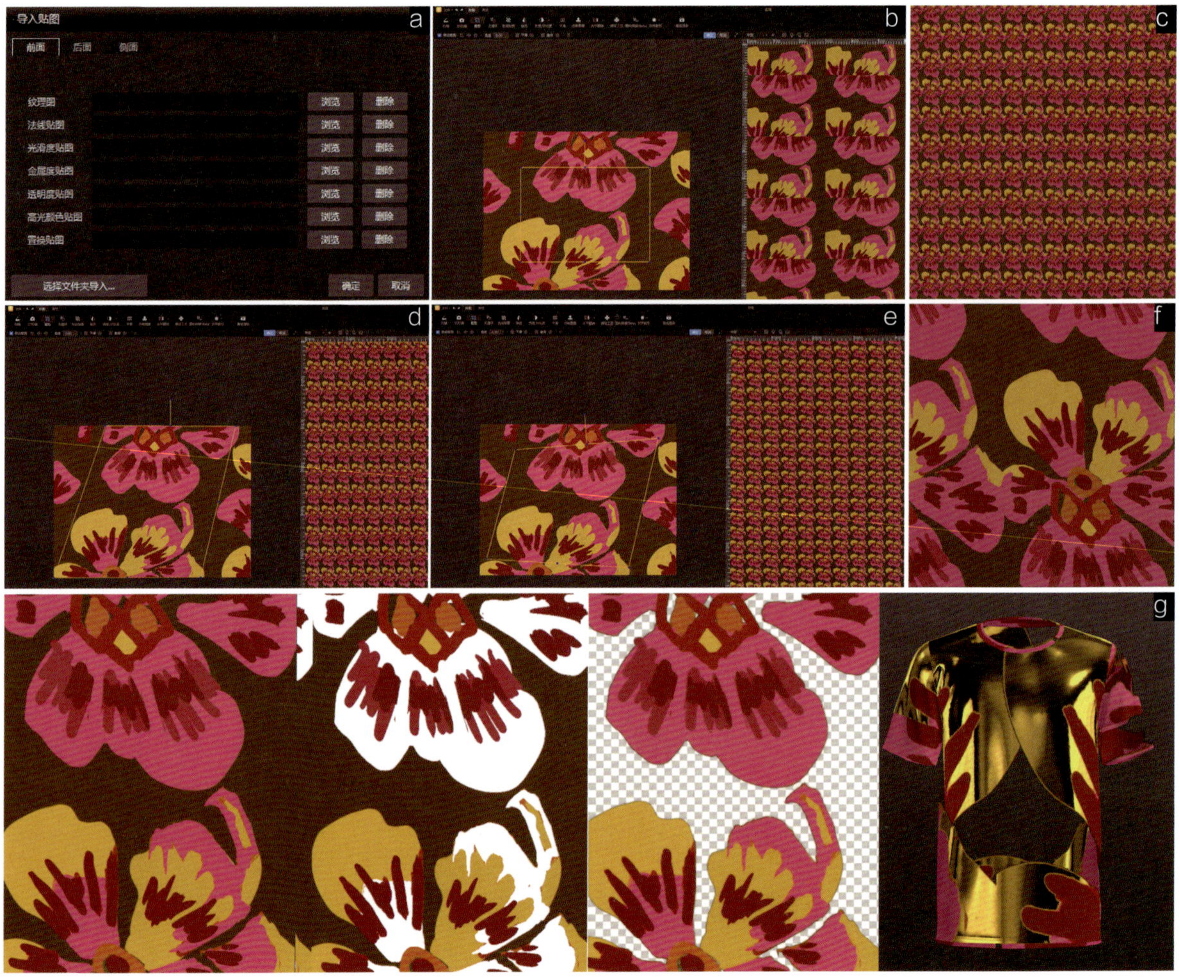

图4-8 图案效果设计操作步骤

第三步：优化裁剪：选择可以智能优化裁剪区域的大小和角度后，点击裁剪参数弹窗上的“优化裁剪”，可自动优化裁剪框选区域。点击“一键找循环”即可使软件智能找到当前面料的最小循环单元，只需等待几秒，减少人工调整时间，快速、准确、便捷。在此功能中，为了保证图像顺滑度，需要选择颜色和图像轮廓相对简单的图像。

第四步：手动调整完四方连续图案后，在功能栏下方，可以对单位图案进一步调整长度、宽度、角度。点击“模拟面料”，可以看到图案在面料上的实际效果。单位元素循环越多，面料最终图案效果越小；反之，则单元元素图案在面料效果上的表现越明显（图 4-8e、图 4-8f）。

第五步：换色，在“换色设置”窗口中对图案中的颜色进行替换。案例中，选中粉色，在“选择要转换的颜色”中选择替换的颜色。对图案调整完各类参数后，点击“模拟面料”，选择面料相应的展示形式。T 恤图案为透明度加金属加纹理贴图的综合效果（图 4-8g）。

二、各类贴图实际运用

在为服装基本款设计图案的过程中，创意性地运用贴图是一种极具表现力和灵活性的设计手法。贴图可以单独使用，达到快速出款的效果。贴图也可以组合使用，设计出具有视觉冲击力的图案，为面料增加 3D 视觉效果（图 4-9）。

图4-9 各类贴图组合效果案例展示

第四节 面料工艺呈现

点击“属性编辑视窗”，可以选择对应的工艺类型，具体有：刺绣、亮皮、裂纹、数码印花、压花、发泡印、金粉印、胶浆、水粉、高压波压花等（图 4-10~ 图 4-12），面料效果选项会根据软件版本更新而改变。从实验效果上看，每一种图案都适合不同的工艺效果，主要受到单位图案边缘线、形状、颜色对比度等因素影响。在进行图案设计过程中，可以选择单一工艺进行渲染，也可以混合多种工艺进行渲染。由于材料不同，有个别案例在 2D 视窗中没有经过渲染的图案效果比渲染后的效果更为惊艳。

图4-10各类工艺渲染效果展示一

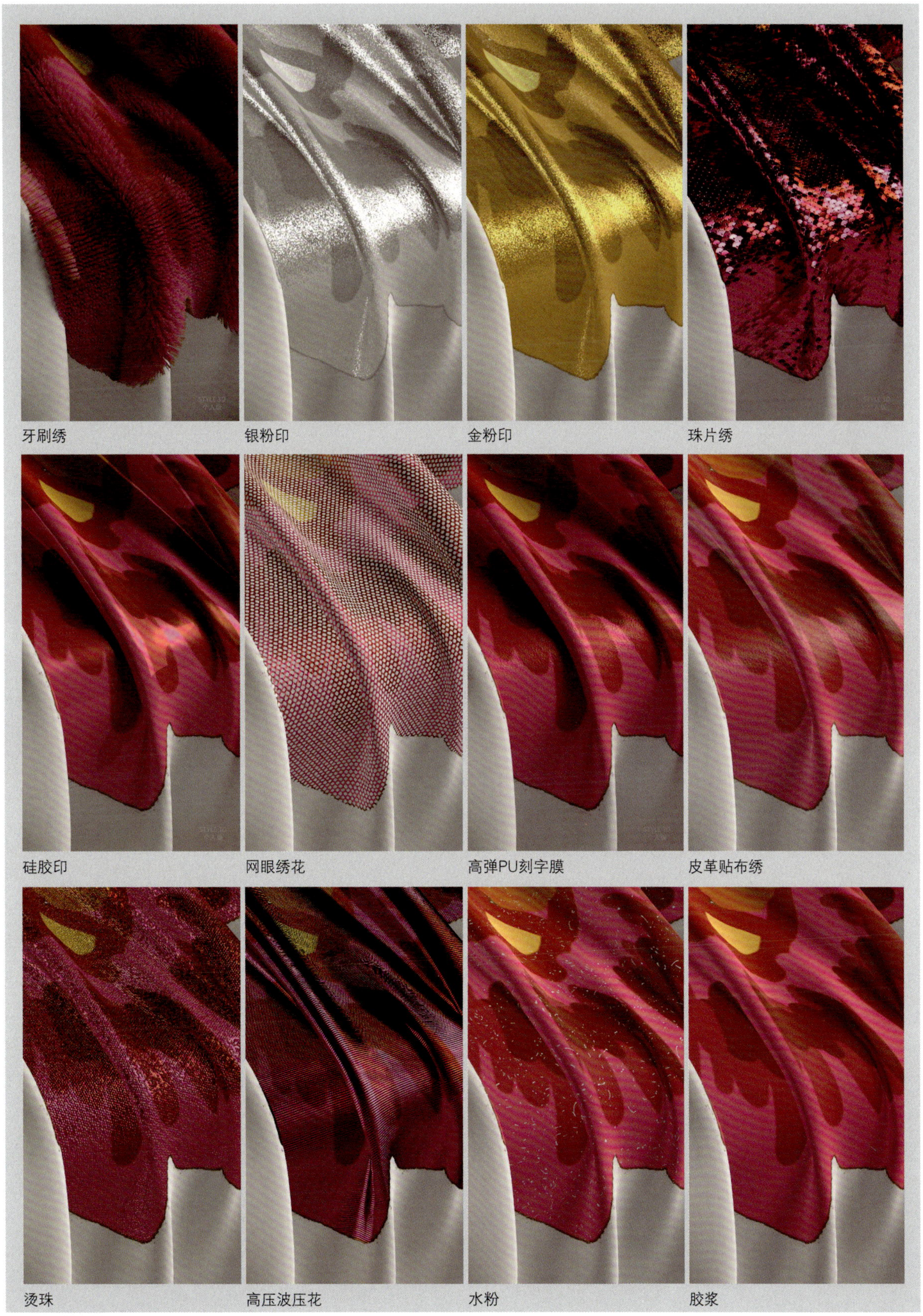

图4-11各类工艺渲染效果展示二

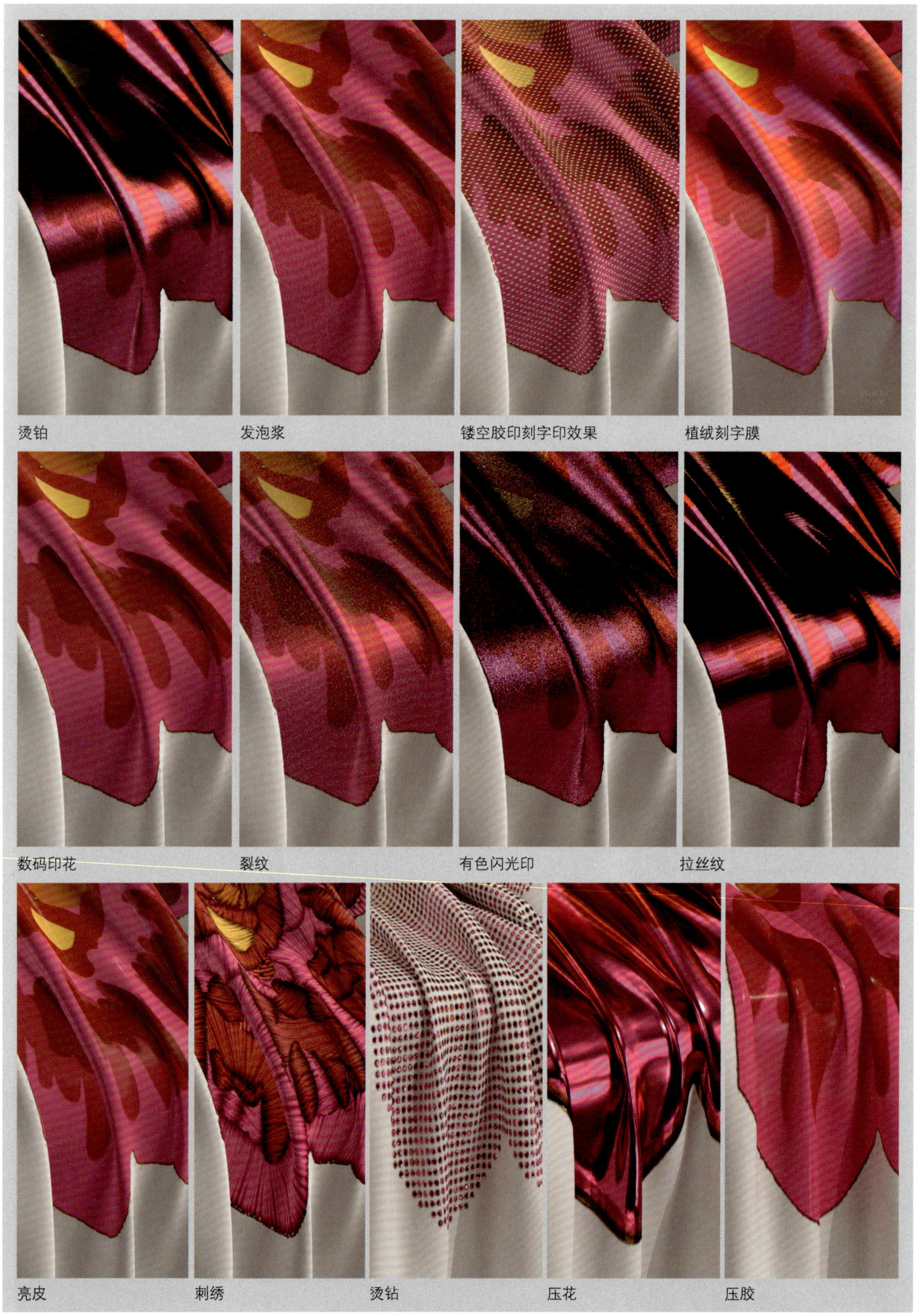

图4-12 各类工艺渲染效果展示三

第五节 毛发渲染参数设置

在 Style3D 中，毛发渲染效果可以通过对长度、密度、弯曲度、光泽度等参数进行调整，控制毛发的外观和物理特性，增强其真实感和自然感。同时，优化采样、细分等参数可提升渲染质量并减少噪点，确保在高效渲染的同时实现逼真的毛发效果。需要注意的是，毛皮类只有在渲染视窗中才能显示毛皮效果，无法在 3D 场景中显示毛皮。常规渲染类型有：消光、丝绸、反光、绒、皮革、金属等，以上常规渲染类型可通过六种贴图组合来实现。特殊渲染类型有镭射、毛发、自发光、宝石、玻璃、闪粉、次表面散射等，需要通过对应的参数设置进一步呈现效果。毛发渲染参数适用于仿毛皮、毛绒、针织毛衣等需模拟毛发质感的面料类型（图 4-13）。

毛发渲染

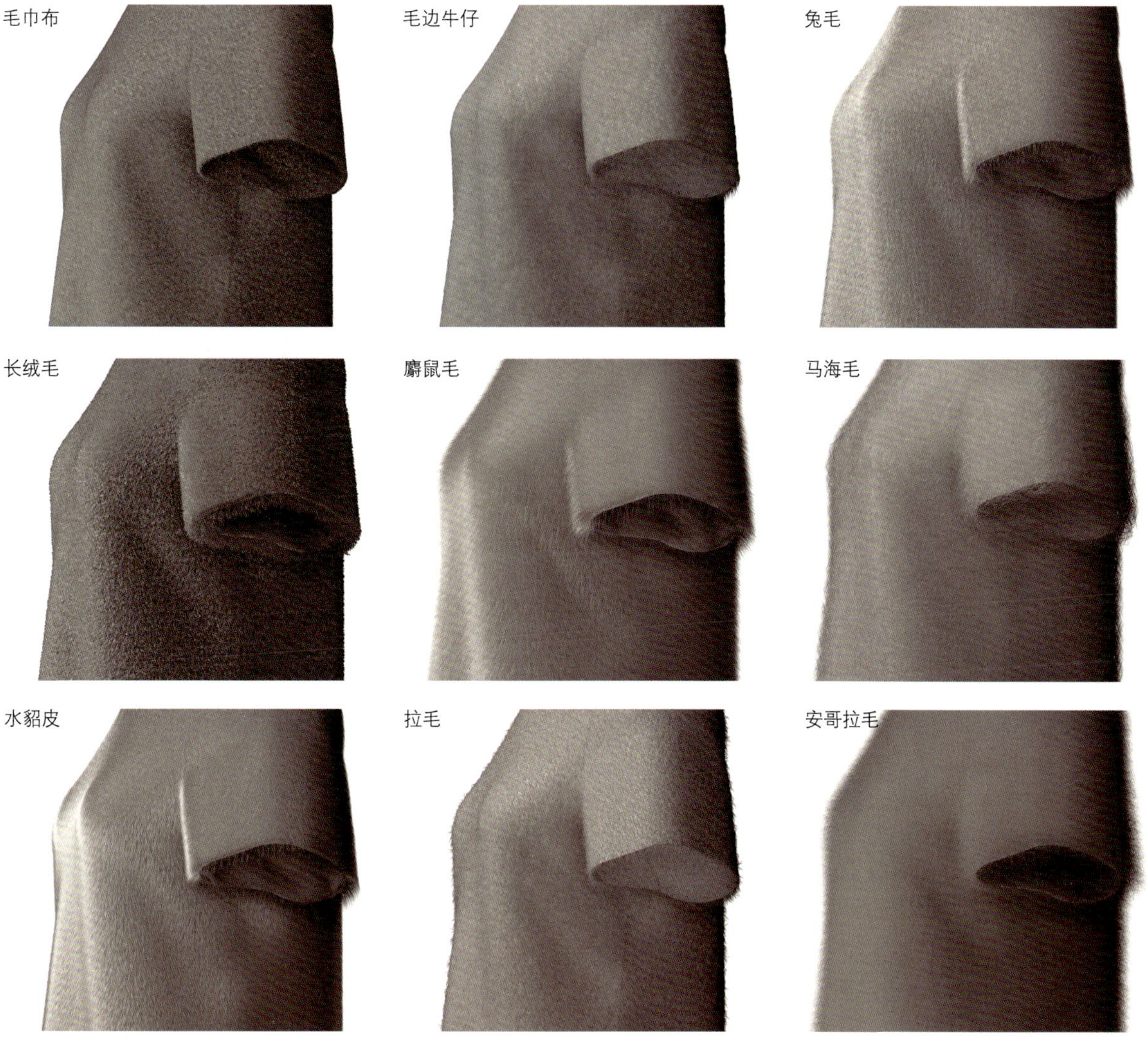

图4-13 各类毛发渲染效果展示

2. 插值

插值为开启颜色的过渡效果。图4-19是没有开插值的效果，图4-20和图4-21是开启插值的效果。图4-20由于蓝色和绿色颜色色阶相似，颜色过渡效果明显；图4-21由于两个过渡色是对比色，所以，即使开启插值功能，还能看到两个颜色之间有很明显的分界线。

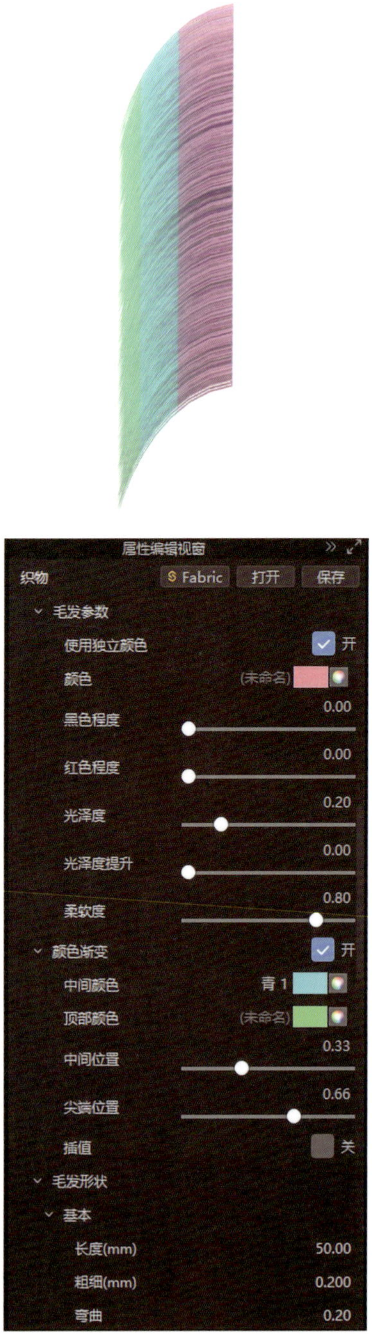

图4-19 撞色渐变（关闭插值）

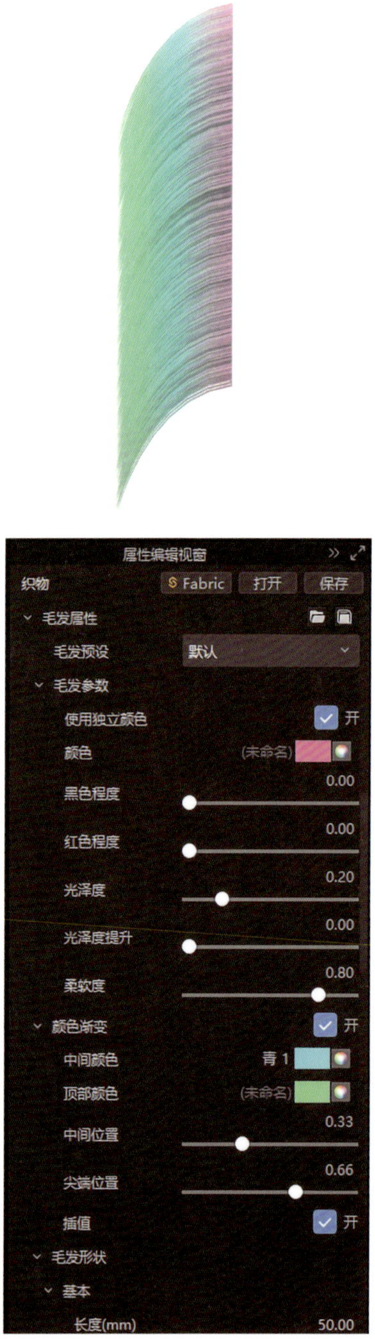

图4-20 撞色渐变（开启插值）

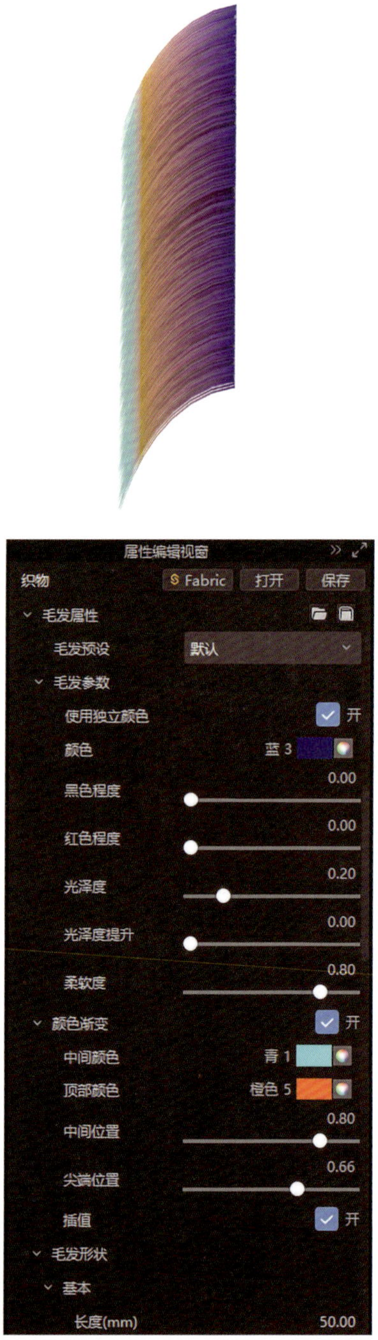

图4-21 对比色渐变（开启插值）

三、毛发形状参数

1. 长度

毛发数值长度越大，毛发效果越明显，渲染效果时间就越长（图4-22）。

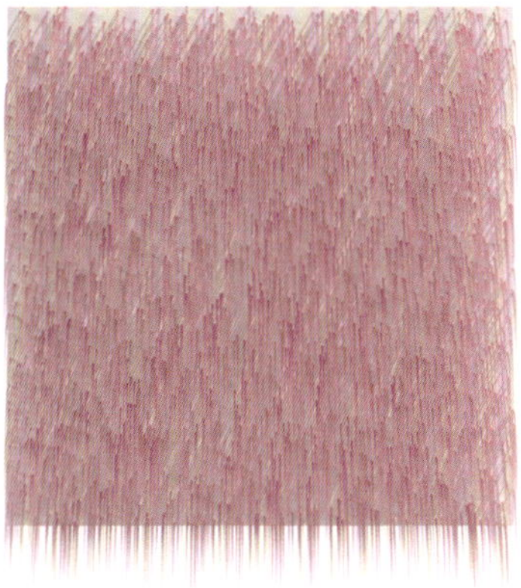
长度20

长度50

图4-22 毛发长度参数对比

2. 厚度

毛发数值厚度越大，毛发单根效果越厚，渲染效果时间越长（图4-23）。

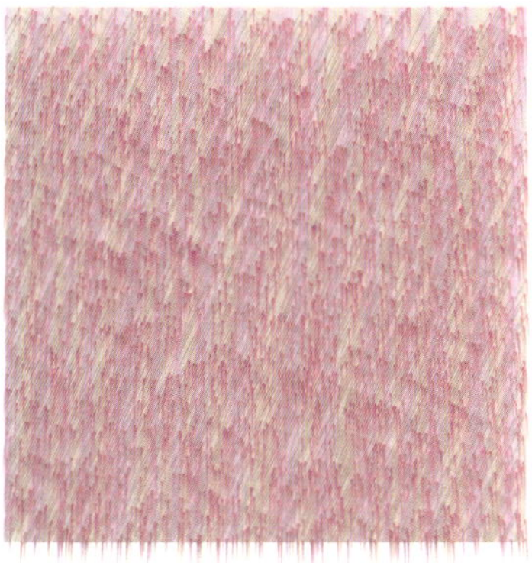
毛发厚度0.2

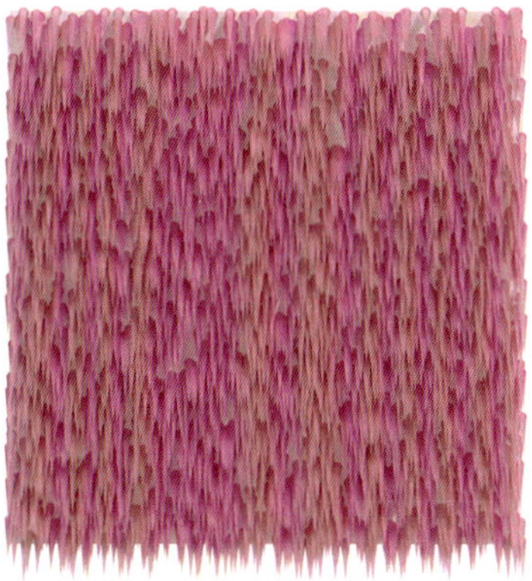
毛发厚度1

图4-23 毛发厚度参数对比

3. 弯曲度

毛发弯曲度越高，受重力影响越明显，毛发效果越往下弯（图4-24）。

毛发弯曲度0.2

毛发弯曲度1

图4-24 毛发弯曲度参数对比

4. 密度

毛发密度越高，颜色越深，渲染效果越慢（图 4-25）。

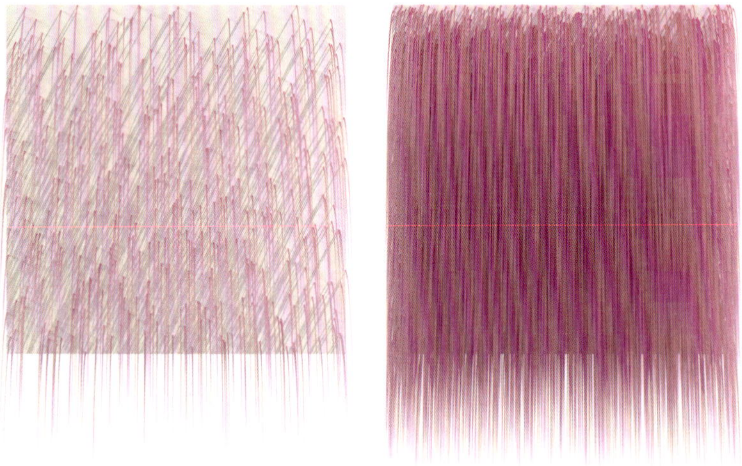

毛发密度30　　毛发密度300

图4-25 毛发密度参数对比

5. 锥度

毛发锥度越高，受重力影响越明显，毛发效果越往下垂（图 4-26）。

毛发锥度0　　毛发锥度1

图4-26 毛发锥度参数对比

6. 拉力

毛发拉力体现在每个轴向的拉力强度上。毛发拉力强度越大，毛发被拉向该轴的效果越明显。数值为 0 时，不受拉力影响（图 4-27）。

毛发拉力0　　毛发拉力10

图4-27 毛发拉力参数对比

7. 卷曲

数值越大，毛发卷曲半径越大；反之，毛发则越直（图4-28）。

毛发卷曲半径1

毛发卷曲半径5

图4-28 毛发弯曲度参数对比

8. 不规则

毛发不规则参数包括三种：方向、重力、半径。在实际操作中，方向数值效果最为明显。不规则数值越大，毛发弯曲方向越不规则；反之，毛发弯曲方向越均匀（图4-29）。

毛发不规则弯曲方向0

毛发不规则弯曲方向1

图4-29 毛发不规则参数对比

9. 成簇强度

毛发成簇数值越大，每一簇毛发效果越明显，形状越尖锐（图4-30）。

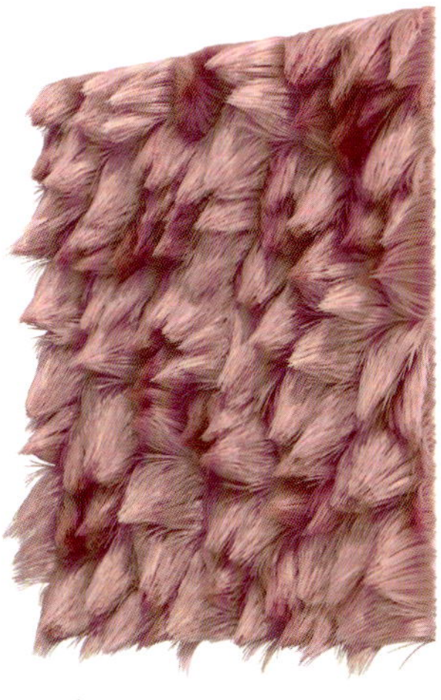

强度0.5

强度1.5

图4-30 毛发成簇强度参数对比

10. 毛孔密度

毛孔密度数值越大，面料呈现效果越细密（图 4-31）。

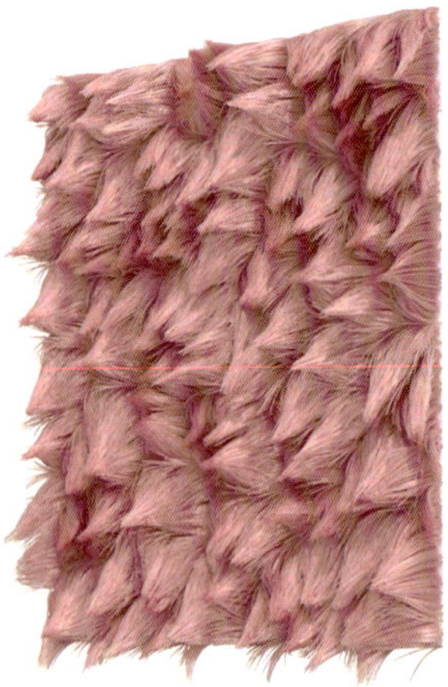

密度0.5

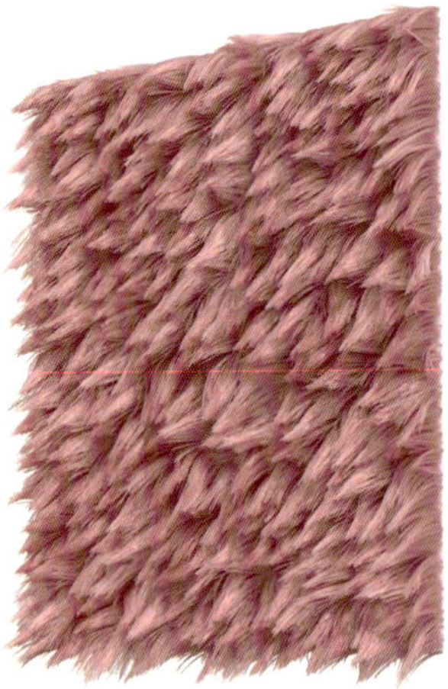

密度1.5

图4-31 毛发密度参数对比

11. 一次及二次成簇

二次成簇的意思是在一次成簇的基础上再次成簇，使得面料增加效果，每一簇毛发体积更大（图 4-32）。

一次成簇

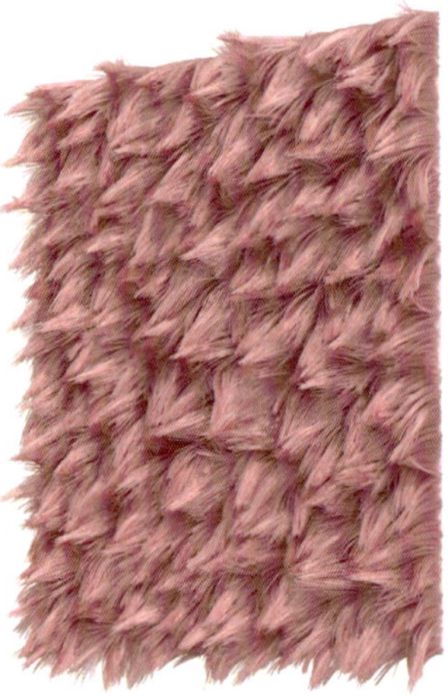

二次成簇

图4-32 毛发成簇次数对比

第六节　针织面料呈现

在处理针织面料时经常使用的工具有仿制图章和调整法线强度两种。

一、仿制图章

仿制图章功能键有两种选项，一种为笔刷大小，数值越大，选中范围面积越大。第二种为笔刷力度，数值越小，边缘线越模糊，反之则边缘线越清晰。在图 4-33 中，可以明显看到圆形图案有交错感，通过笔刷调整后，边缘线更为顺畅。

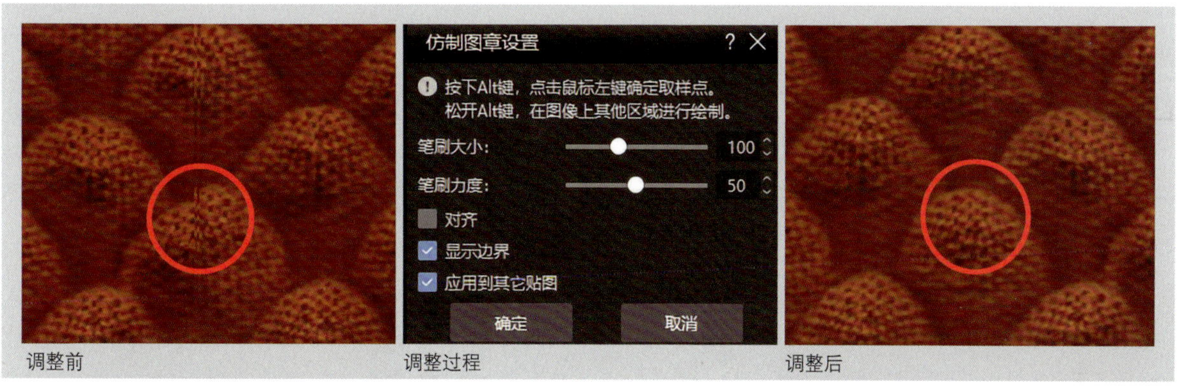

图4-33 仿制图章效果调整前后对比

二、调整法线强度

有五个参数值，分别是强度、细节、细节强度、结构、结构强度（图 4-35）。“强度”指的是面料凹凸效果的程度。“细节”指的是面料凹凸肌理感对比度。“细节强度”指的是面料肌理效果的锐化程度。需要注意的是，必须先调节“强度”，不能直接调节“细节”和“细节强度”参数。总体上说，数值越大，面料细节对比越强（图 4-34、图 4-36）。

图4-34 小数值强度

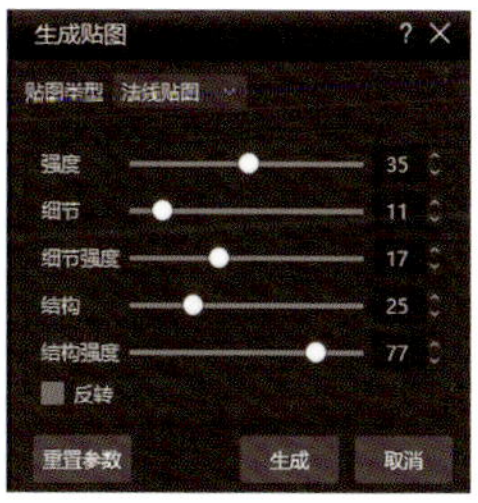

图4-35 强度参数调整界面

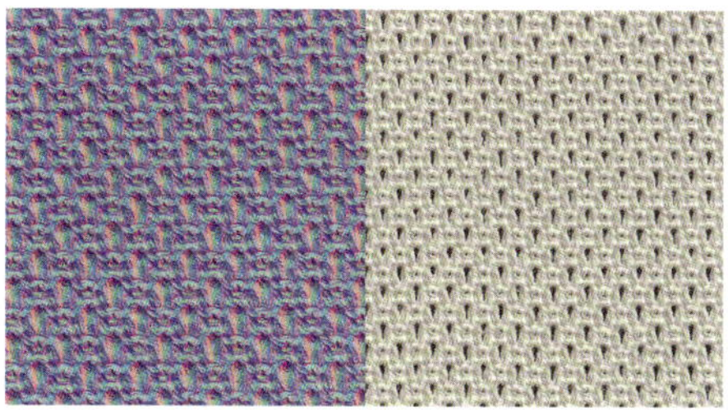

图4-36 大数值强度

三、虚拟针织面料处理方法

处理针织面料与处理花型图案步骤相同，首先在2D视窗中点击“添加”，将电子版针织面料图导入到“纹理图”的选项中，然后在Fabric顶部菜单栏中，点击“生成贴图”，在所显示的窗口中点击“贴图类型”，其中包括：透明纹理图、法线贴图、光滑度贴图、金属度贴图、透明度贴图、置换贴图。对于针织面料处理，只需要生成纹理图、法线贴图、置换贴图、透明贴图这四个贴图即可生成虚拟针织面料效果图（图4-37）。

Style3D Fabric
针织面料处理

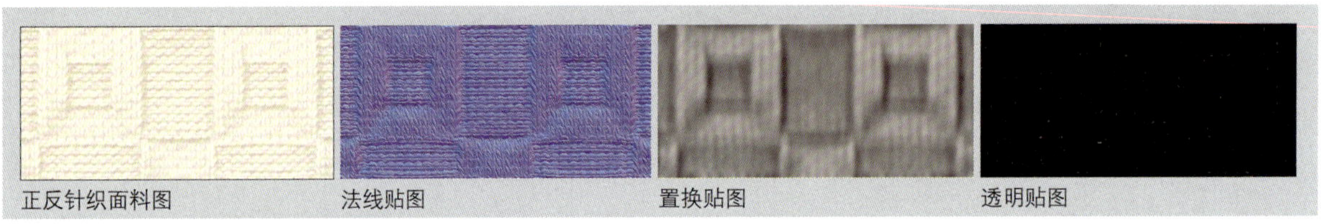

图4-37 虚拟针织面料对应的各类贴图

四、实物针织面料处理方法

实物针织面料与虚拟针织面料在处理流程上具有相似性，但前者需额外增加扫描环节。具体而言，需预先通过高精度扫描设备将三维实物针织面料数字化。值得注意的是，并非所有针织面料都适宜进行扫描处理，尤其是表面凹凸纹理差异显著的织物，在扫描过程中易产生形变，并可能形成难以消除的阴影干扰，影响后续处理效果（图4-38）。

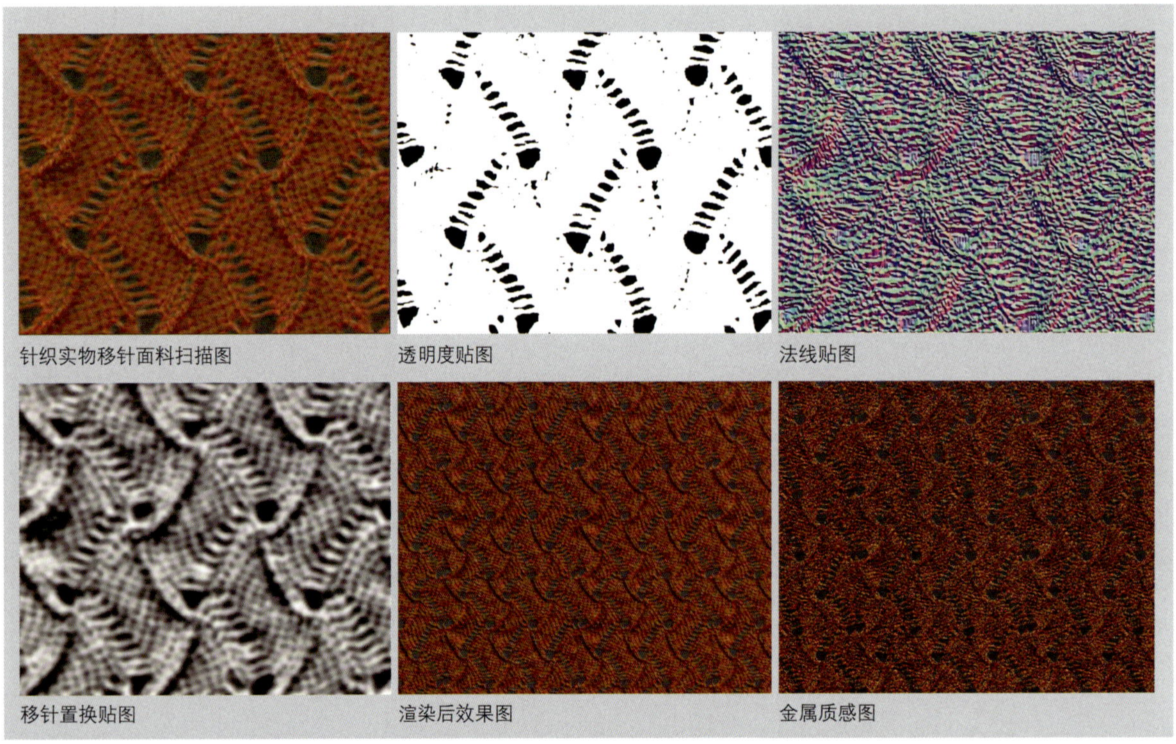

图4-38 实物针织面料及对应各类贴图

五、展示形式

在完成面料处理后，可通过点击 3D 视窗顶部的“平面”功能按钮，实时查看经处理后的面料与系统预设展示模式的融合效果。该功能能够即时呈现面料在虚拟环境中的真实模拟效果（图 4-39），为设计评估和调整提供直观参考。

图4-39 系统预设各类展示形式

六、虚拟针织面料设计案例

1. 设计案例一：金属面料效果（图4-40）

为了更明显地展示金属效果，需要导入两种以上颜色织片。

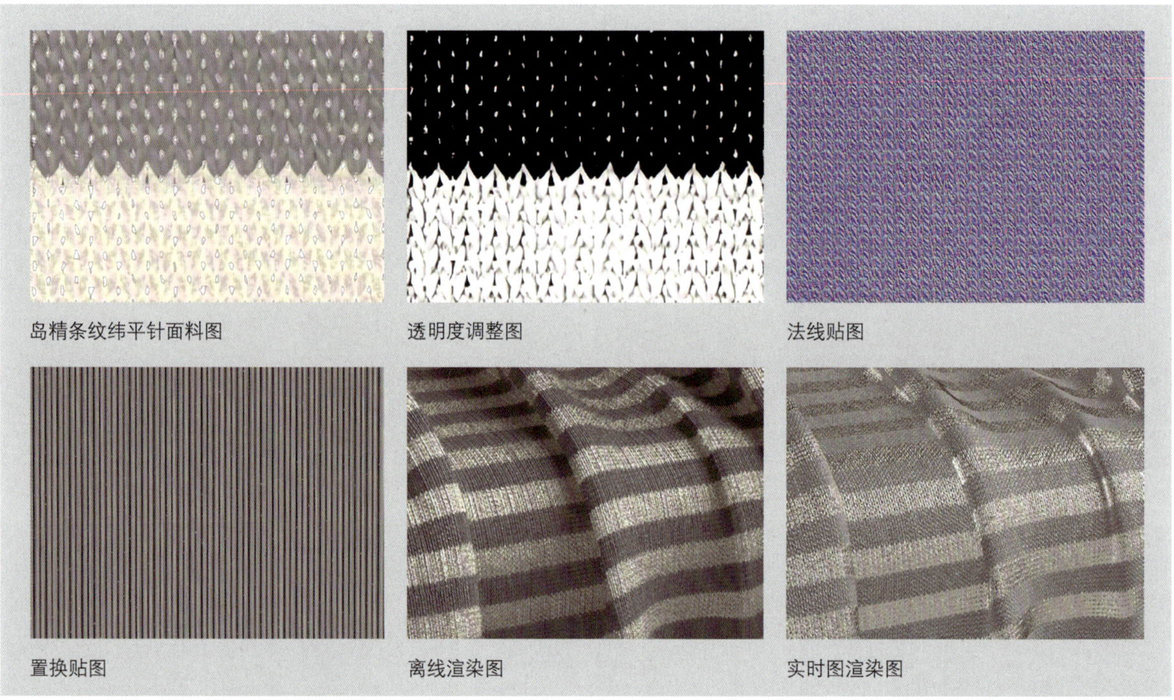

图4-40 金属面料效果及对应各类贴图

2. 设计案例二：镭射面料效果（模拟织片烫金后整理效果）（图4-41）

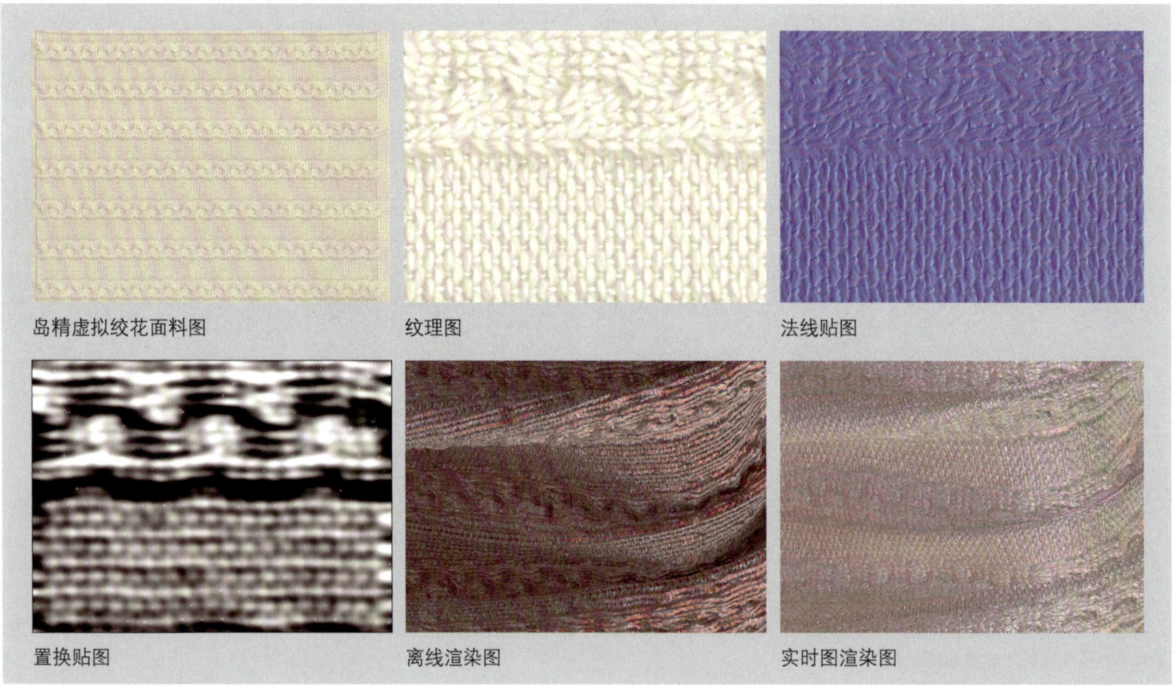

图4-41 镭射面料效果及对应各类贴图

3. 设计案例三：浮雕面料效果（模拟织片图层后整理效果）（图 4-42）

图4-42 浮雕面料效果及对应各类贴图

第七节 KnitDesign运用

一、界面介绍

KnitDesign是Style3D针织数字化研发软件，界面主要划分为四大功能区域（图4-43）：顶部为菜单栏，左侧为内容素材视窗，中间为3D预览视窗，右侧为编辑视窗。其中，素材视窗整合了收藏夹、百搭推荐、设计元素、色彩板等核心功能模块；编辑视窗则配备了选用工具、色彩调整、轮廓编辑、图层管理、信息查看、尺寸设置等专业功能。值得一提的是，KnitDesign软件界面的一大特色在于其高度可定制性，用户可根据个人操作习惯，自由调整三个视窗的布局顺序，实现个性化的工作空间配置。

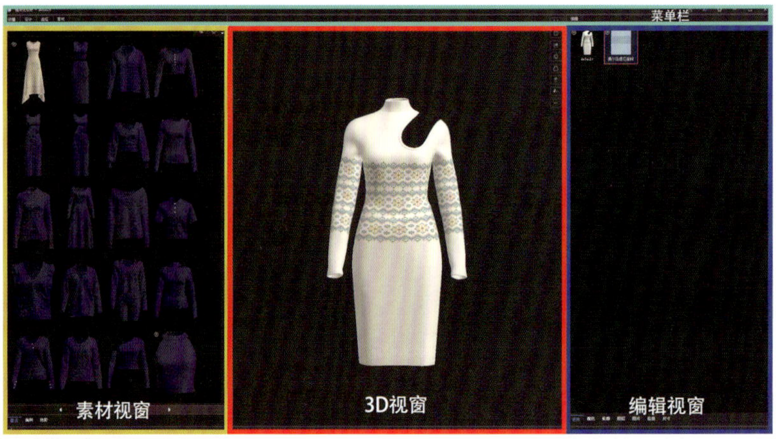

图4-43 KnitDesign操作界面

Style3D KnitDesign
介绍及操作

二、使用技巧

1. 设计方法一：使用系统自带素材

第一步：点击“素材”，在“款式”栏中选择一个需要的款式（图4-44）。

第二步：在预览试穿中可以调整视角，确认版型（图4-45）。

第三步：点击“素材”，在“面料”栏中选择一个或多个需要的针织结构面料（图4-46）。

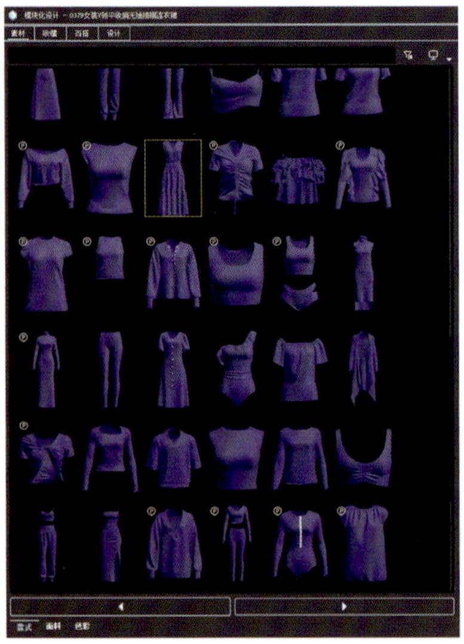

图4-44 款式素材库

图4-45 预览视窗

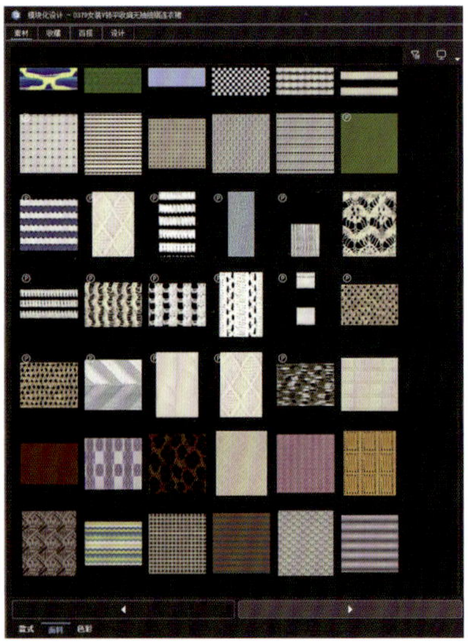

图4-46 面料素材库

第四步：在“编辑”视窗中可以看到已经选择的面料。拖动相应的面料放在不同服装版片上，开始进行款式与面料结构混搭设计。在一款衣服中，可以有多种针织组织结构组合，也可以有单一组织结构表现（图4-47）。

图4-47 KnitDesign编辑视窗界面

第五步：点击“素材”，在“色彩”栏中选择一组主题色彩板。同时，系统会分析所选主题板中所涉及的颜色（图4-48）。

第六步：在左下角所列“颜色”中，选取需要的颜色，点击“自动配色”，所选颜色将会出现在右侧“编辑”中的“配色”选项中（图4-49）。

第七步：点击“编辑”栏中的“选用”，为每一块针织组织结构选择对应的颜色。调整后，在“预览”中可以立即看到设计完成后的效果（图4-50）。

图4-48 色彩素材库

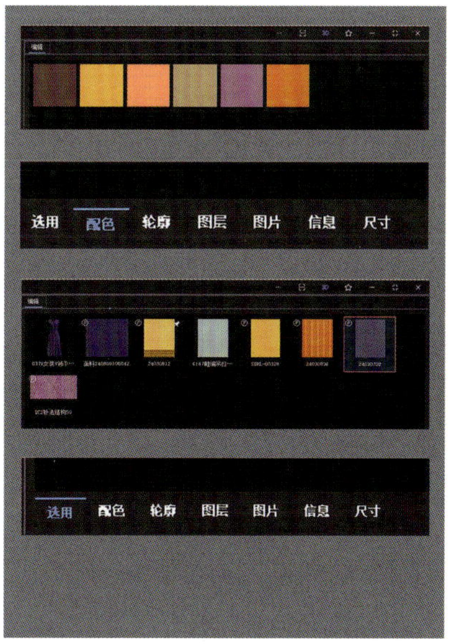

图4-49 配色系统

图4-50 预览模式

2. 设计方法二：使用个性化素材

第一步：先将一件款式中的所有版片在 Style3D Studio 中分别命名。将所有命名完后的版片统一导出 SCO 和 PXF 文件。在“编辑”视窗右键选择“新建款式”（图 4-51）。

第二步：在新建面料窗口中选择“自动填入文件”，选择已导出的两个文件和 Studio 文件后，点击“确认”。然后，把新建款式自动导入进“编辑”视窗（图 4-52）。

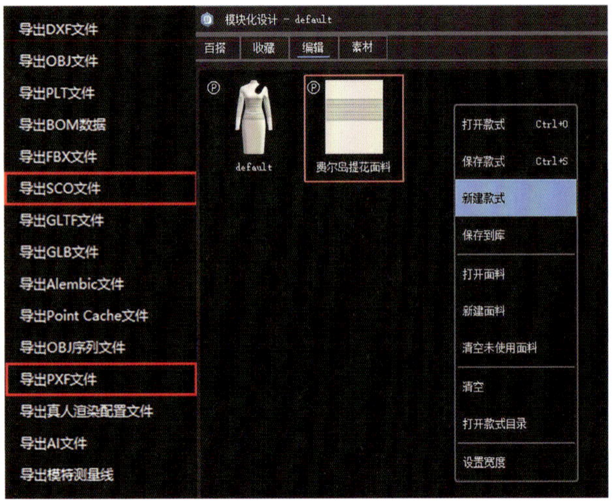

图4-51 版片导出

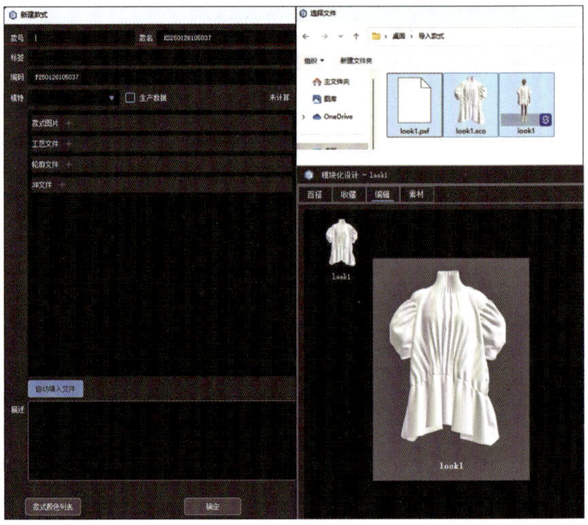

图4-52 版片导入

第三步：点击“素材”中的“色彩”，右键选择“添加色彩图”。系统会弹出“添加色彩图”窗口，上传灵感来源图（图 4-53）。

第四步：系统会根据上传图片分析所包括的颜色，点击“保存”（图 4-54）。

第五步：在“编辑”视窗右键选择“新建面料”（图 4-55）。

图4-53 添加色彩图

图4-54 系统颜色分析

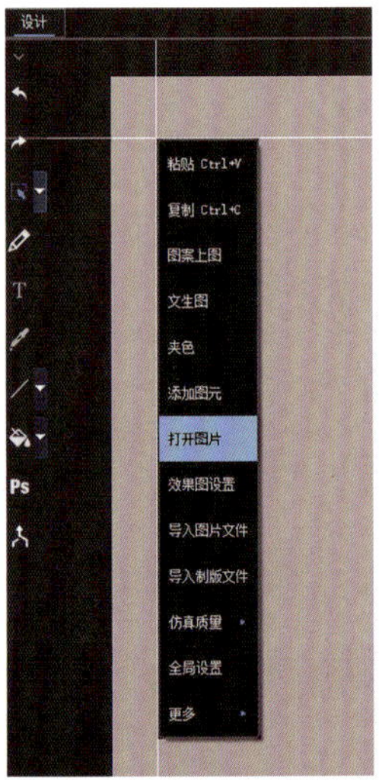

图4-55 新建面料

第六步：选中面料再在设计视窗右键选择“打开图片”。在“图层设置”窗口点击“图像处理”，将现有图像处理成循环图案，选择“填充”，点击“确定”（图4-56）。

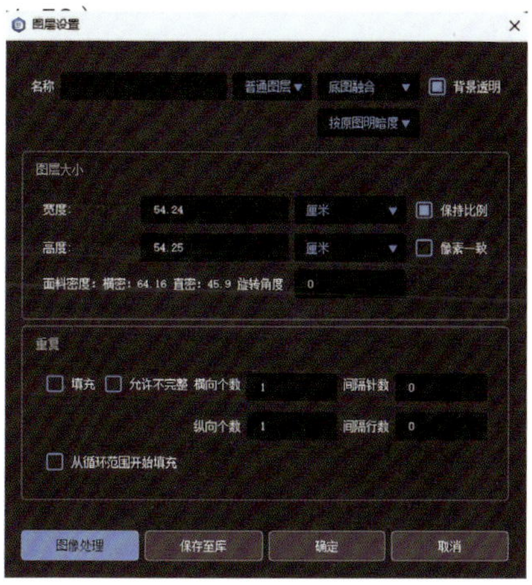

图4-56 图层设置

第七步：生成的图像会在左栏“素材”中的“设计”视窗中显示（图4-57）。

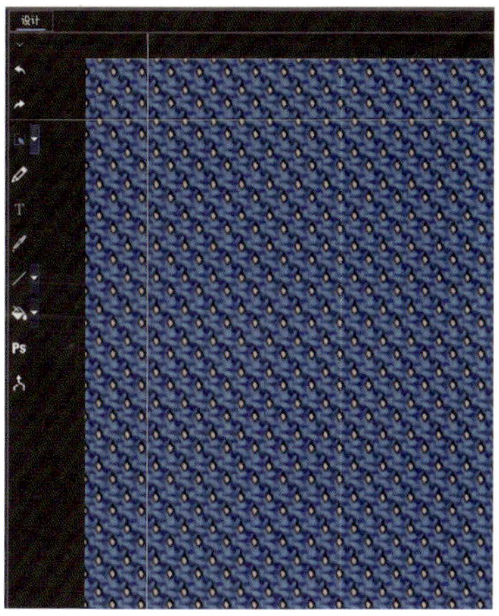
图4-57素材设计视窗

第八步：在“编辑”视窗中，拖拽已经处理好的面料到相应的版片上，完成设计（图4-58）。

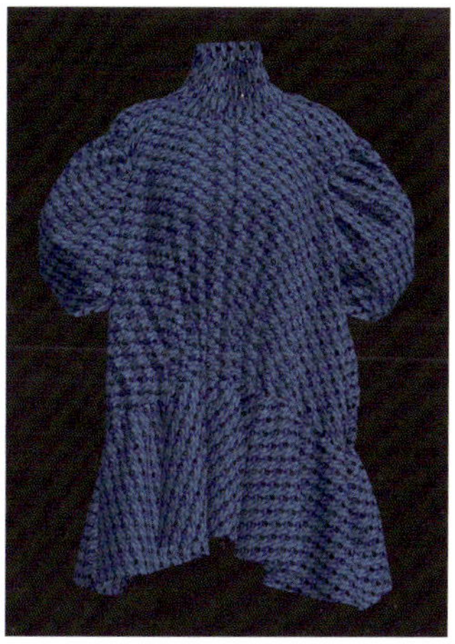
图4-58 面料结合款式

3.“百搭”功能

第一步：在“百搭”视窗右下角，点击“新建搭配”（图4-59）。

第二步：在“自动创款”窗口中，点击“+”，分别上传款式图和面料图（图4-60）。

第三步：在“自动创款”窗口底部，点击“色板”，选择灵感图（图4-61）。

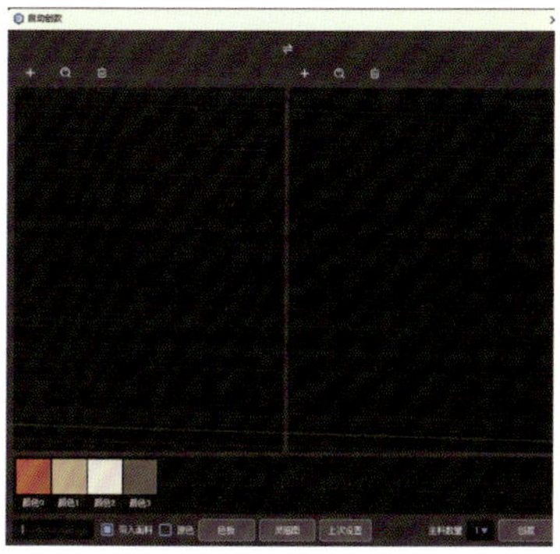
图4-59 新建搭配视窗

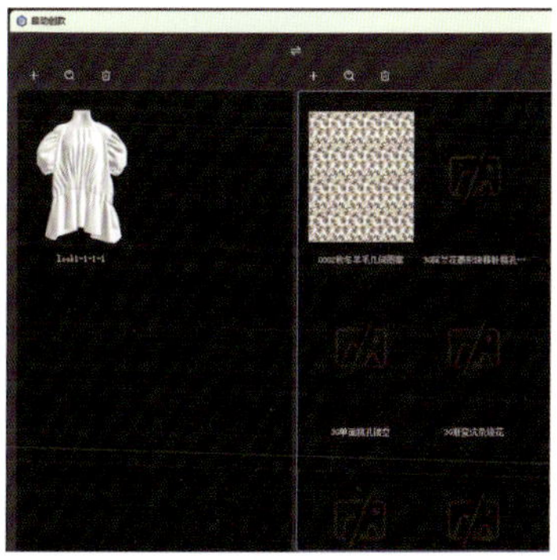
图4-60 自动创款视窗

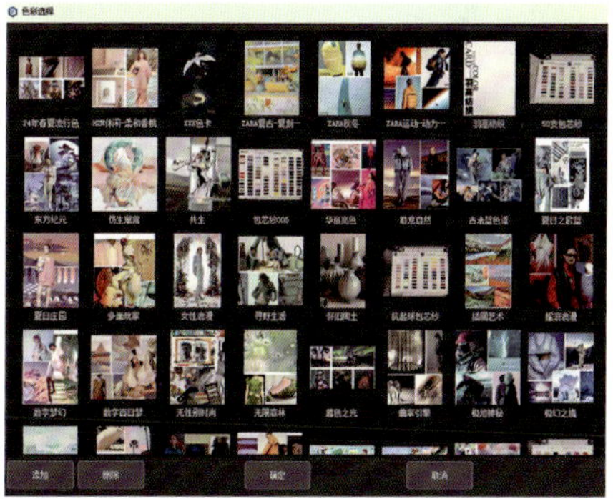
图4-61 灵感图素材库

第四步：系统会根据灵感图分析色彩，提取相应的颜色后，点击窗口右下角选择“创款”。系统根据所选中的颜色和面料进行“百搭”设计。在“百搭”视窗中可以看到款式、颜色、面料三者搭配的所有可能性（图4-62）。

图4-62 百搭设计视窗

第五步：在“编辑”视窗中，选择喜欢的款式（最多八款）（图4-63），鼠标右键点击“批量分享”（图4-64），系统会自动生成这八款设计细节的二维码（图4-65）。点击“生成推款看板”，系统会自动导出一个附有面料细节和纱线的款式PPT细节图（图4-66）。

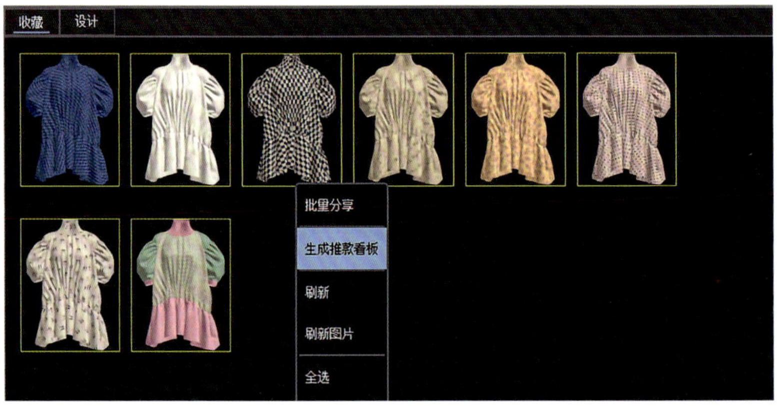

图4-63 编辑视窗

图4-64 批量分享

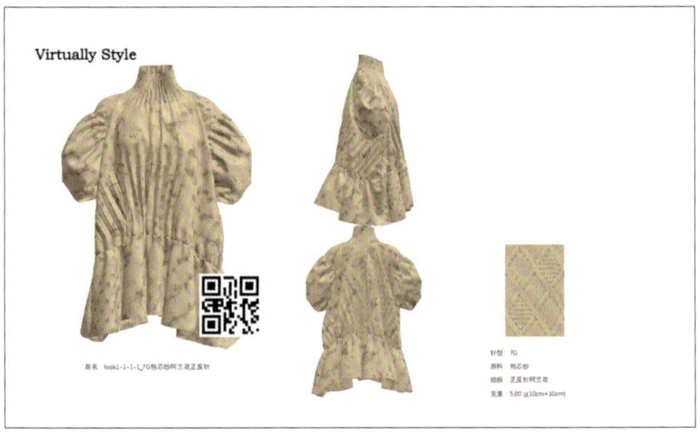

图4-65 系统自动生成服装三视图及二维码

图4-66 系统自动为选中服装生成面料细节PPT及二维码

4.“轮廓”功能

在“编辑”视窗的底部，点击“轮廓”，系统会显示这款衣服所包含的所有版片细节和对应的名称。点击“素材”中的“设计”，导入想要的花型图案或者针织结构，设计师可以在此界面设计和确认每个版片所对应的花型，同时能在中间的 3D 视窗中看到生成的效果（图 4-67）。

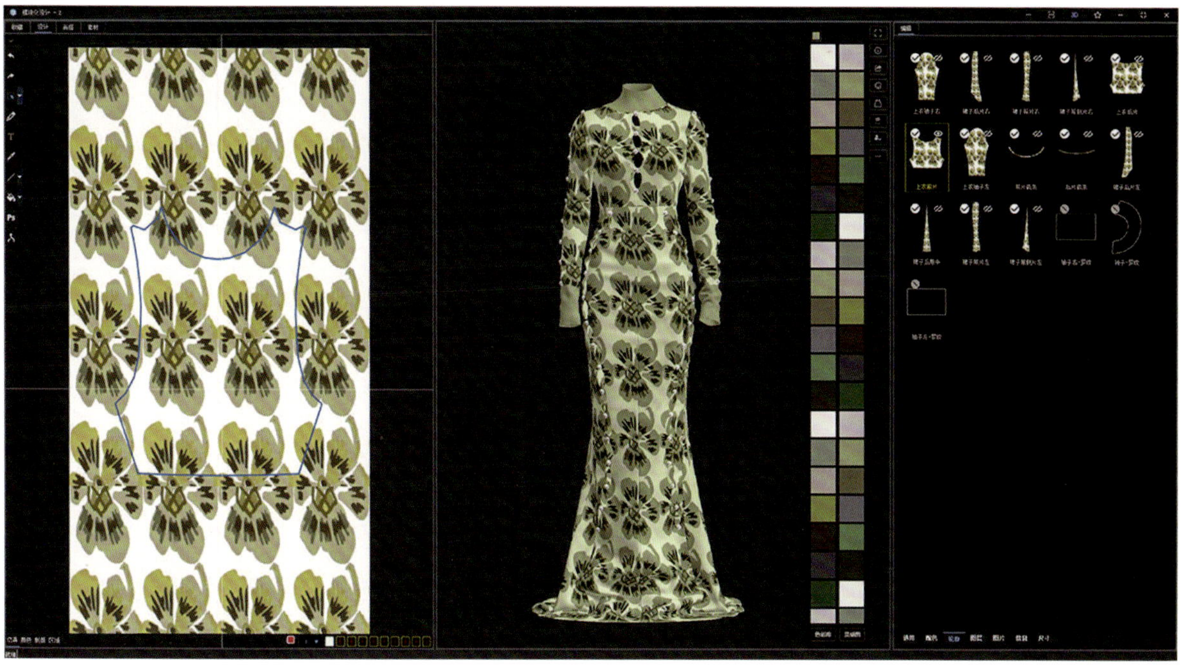

图4-67 轮廓功能

第 5 章

款式设计及拓展

第一节 经典款式设计

本节将详细列举西装、大衣、羽绒服、戴帽外套、针织衫、内衣、长裤、短裤、连体裤、半裙及连衣裙等常见款式的版型结构及其上身效果图。通过对比分析，可以直观地了解不同款式在版型上的差异。同时，本节旨在启发设计师们探索各类款式的设计要点，重新审视并在基本款的基础上进行创新。

一、西装

西装的设计细节丰富多样，包括领型（平驳领、戗驳领、青果领），扣子（单排扣、双排扣、扣子数量），口袋（贴袋、翻袋、斜口袋），开衩（无开衩、单开衩、双开叉、侧开叉），肩部（自然肩、垫肩、落肩），袖型袖口（纽扣袖口、法式袖口、两片袖），背部设计（单褶、双褶），下摆（直下摆、圆下摆）等（图5-1~图5-4）。在设计西装款式时，可以结合第三章的省道设计对西装版型中的省道进行修改。需要注意的是，在调整肩部的设计时，可单独调整垫肩角度和厚度来影响款式肩部的张力效果。

西装制作

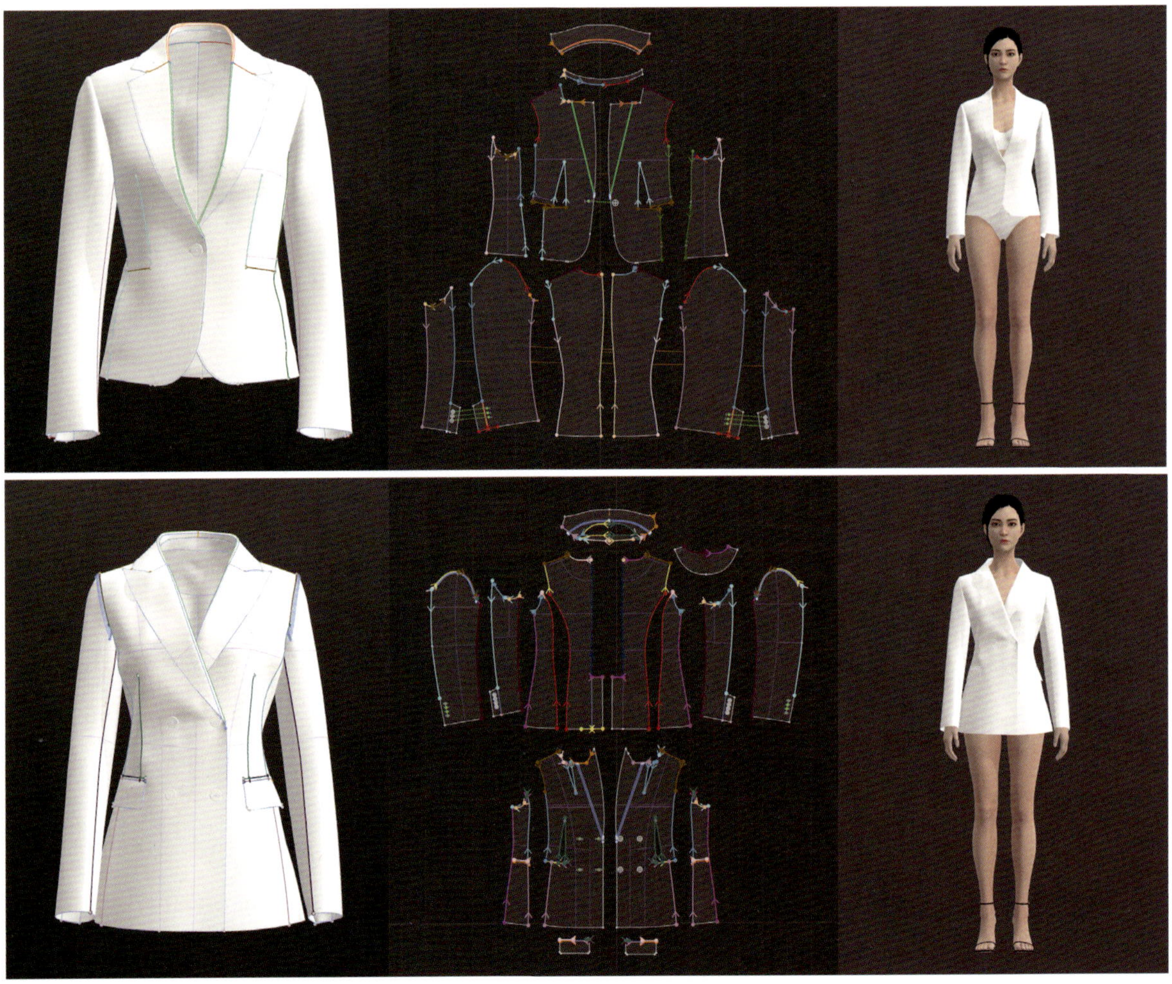

图5-1 西装款式设计一

图5-2西装款式设计二

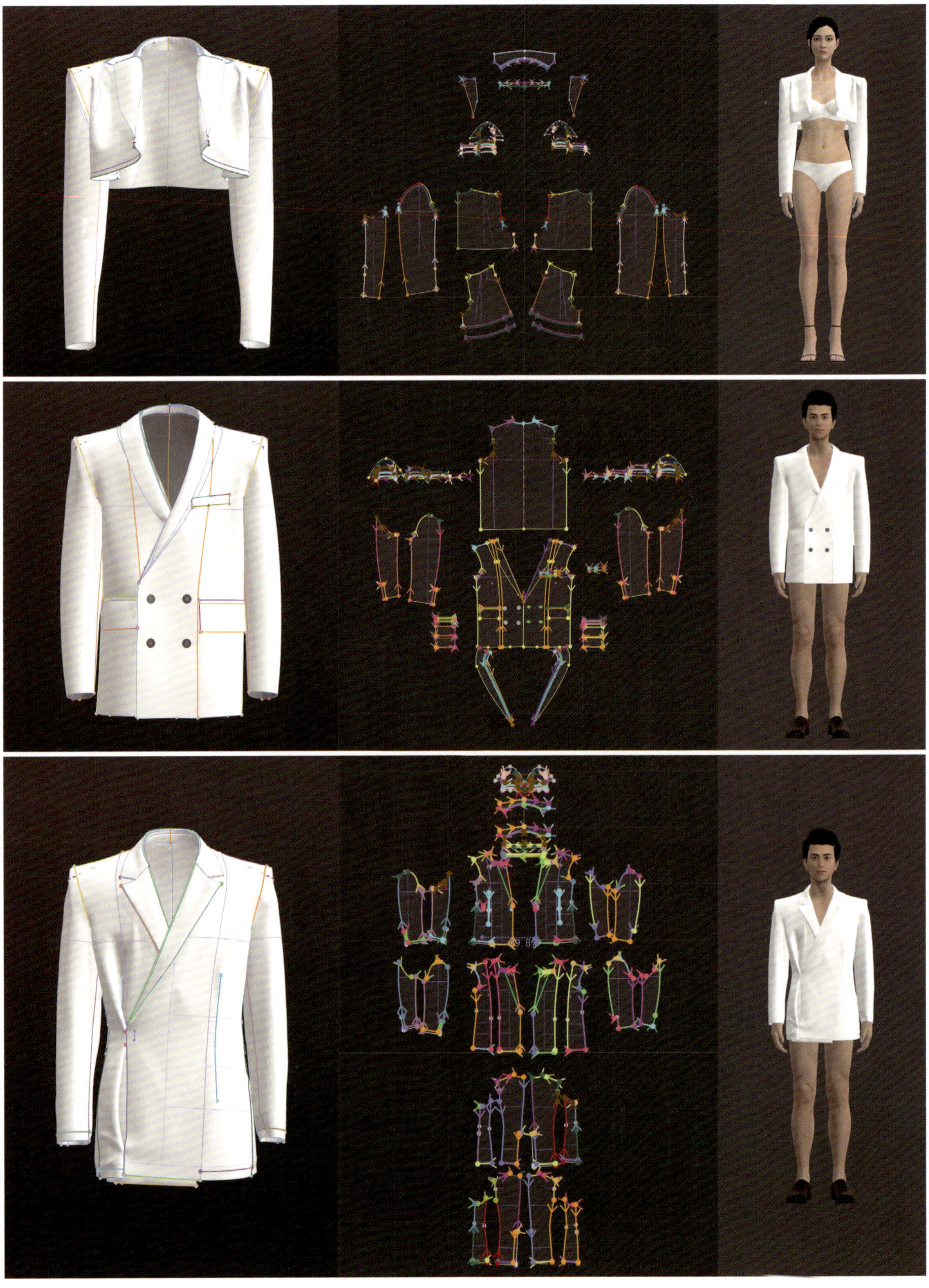

图5-3西装款式设计三

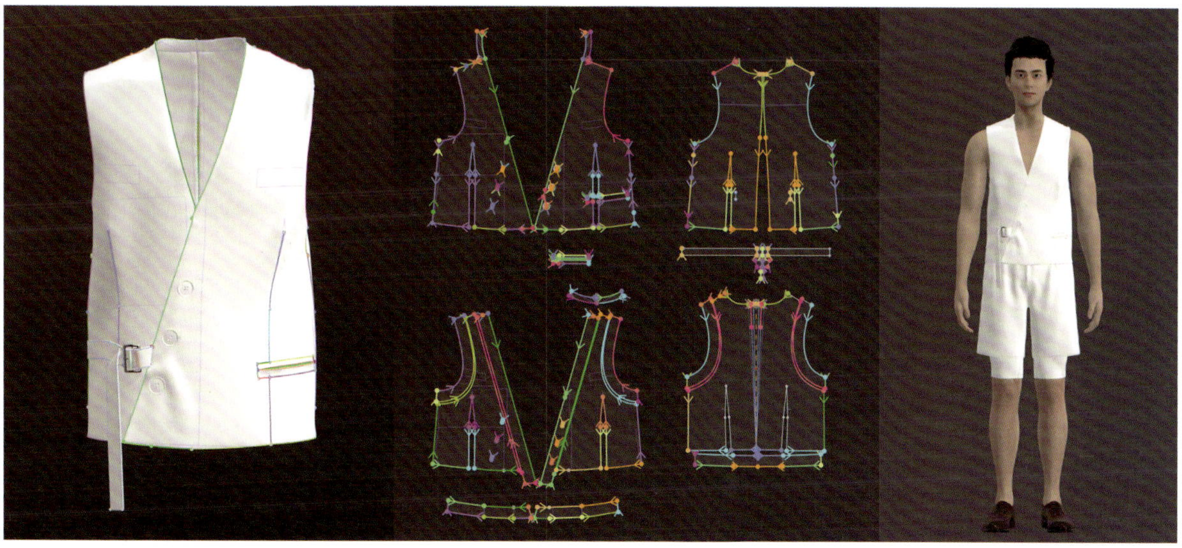

图5-4 西装内搭（背心）款式设计

二、大衣

从服装结构设计的角度而言，大衣可视为西装廓形的纵向延伸与重构。基于这一设计逻辑，西装的设计元素体系经过适度调整即可应用于大衣设计。然而，相较于西装相对严谨的制式规范，大衣在袖型设计维度展现出更大的创意空间。引入直筒袖、喇叭袖、泡泡袖等多样化袖型结构，可显著提升大衣的造型表现力。在功能性设计方面，大衣因其较大的款式自由度，在口袋设计上具有更丰富的可能性。设计师可突破传统限制，尝试运用几何形态的贴袋与插袋等创新结构。同时，在装饰性元素的应用上，可通过不同材质、尺寸的纽扣、拉链等辅料的组合运用，强化大衣的时尚属性。就材质应用而言，大衣具有广泛的适应性（图 5-5~ 图 5-7）。在 Style3D 中，通过调整衣长参数与替换轻薄面料，可实现从风衣到衬衫裙或宽松衬衫的款式转换。在版型工艺处理方面，需特别注意大衣因长度因素产生的特殊技术要求。为确保下摆平整度，建议采用 3-5cm 的折边处理工艺，通过二次缝合消除下摆起伏现象。此外，在处理宽松款式的垫肩时，建议根据具体造型需求，考虑采用冷冻定型工艺，以精确控制肩部廓形效果。

大衣制作

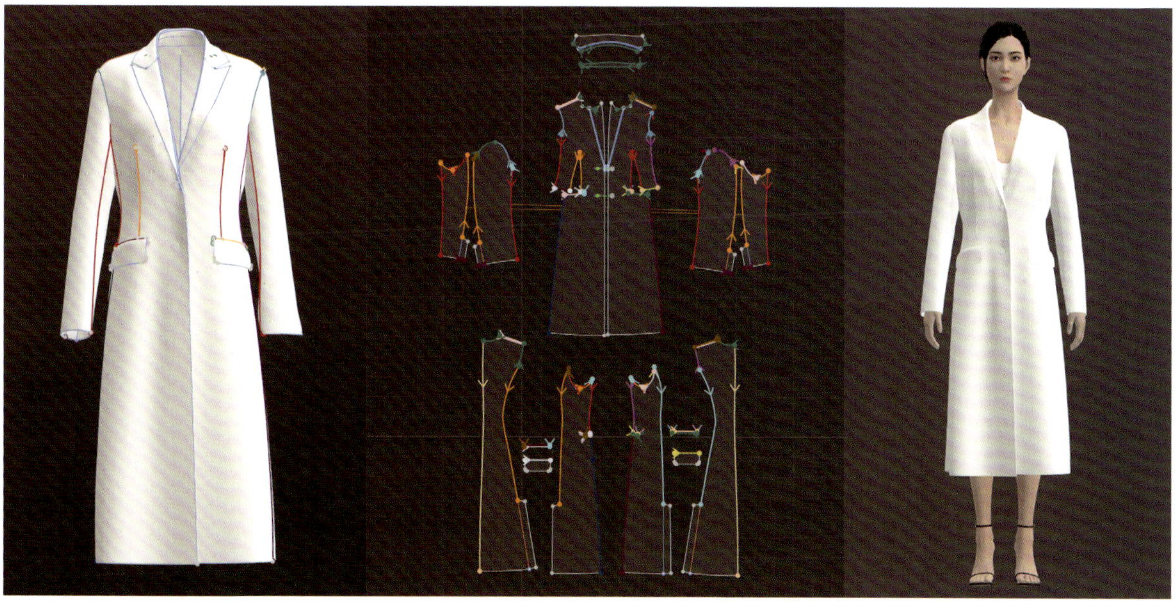

图5-5 大衣款式设计一

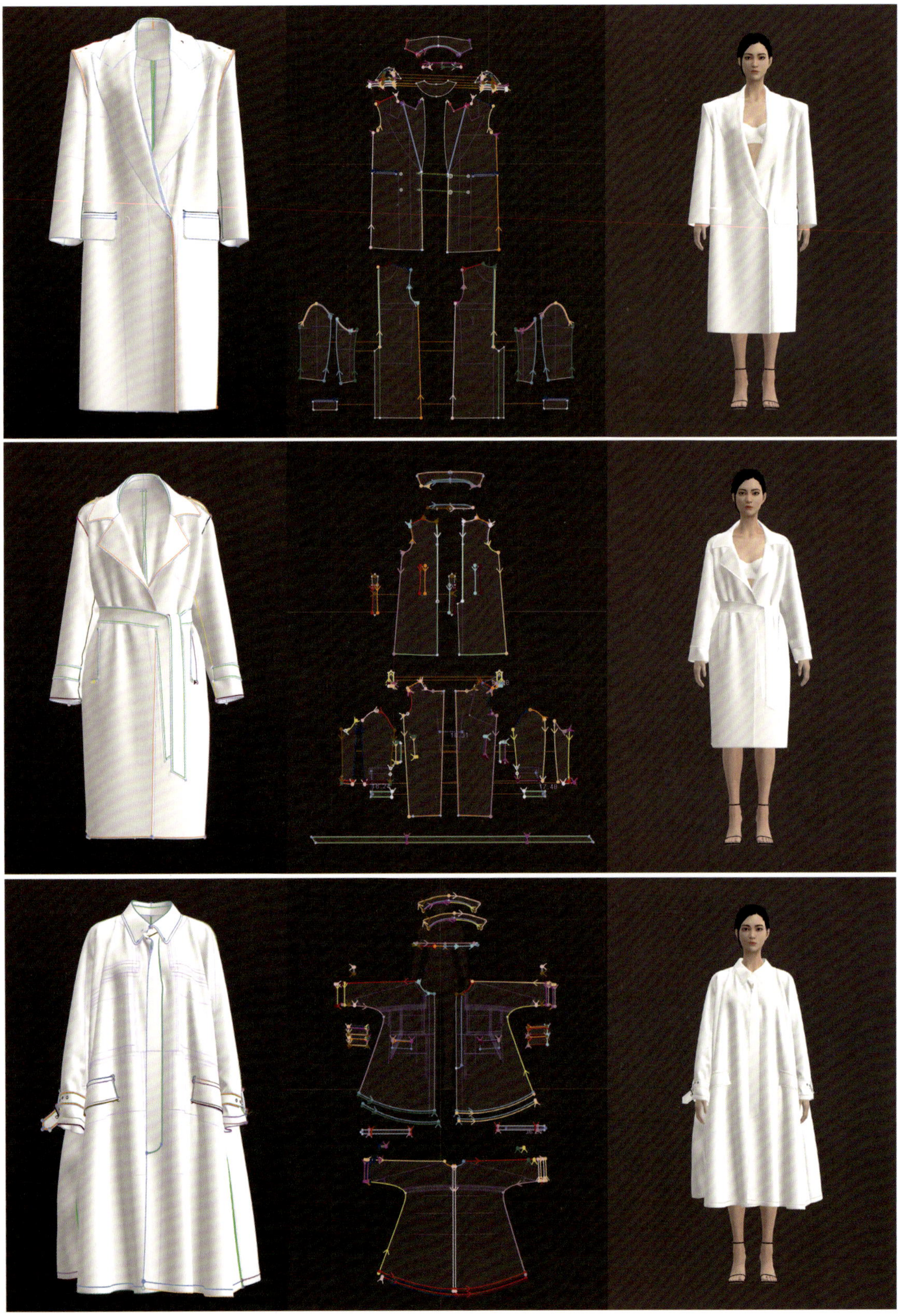

图5-6 大衣款式设计二

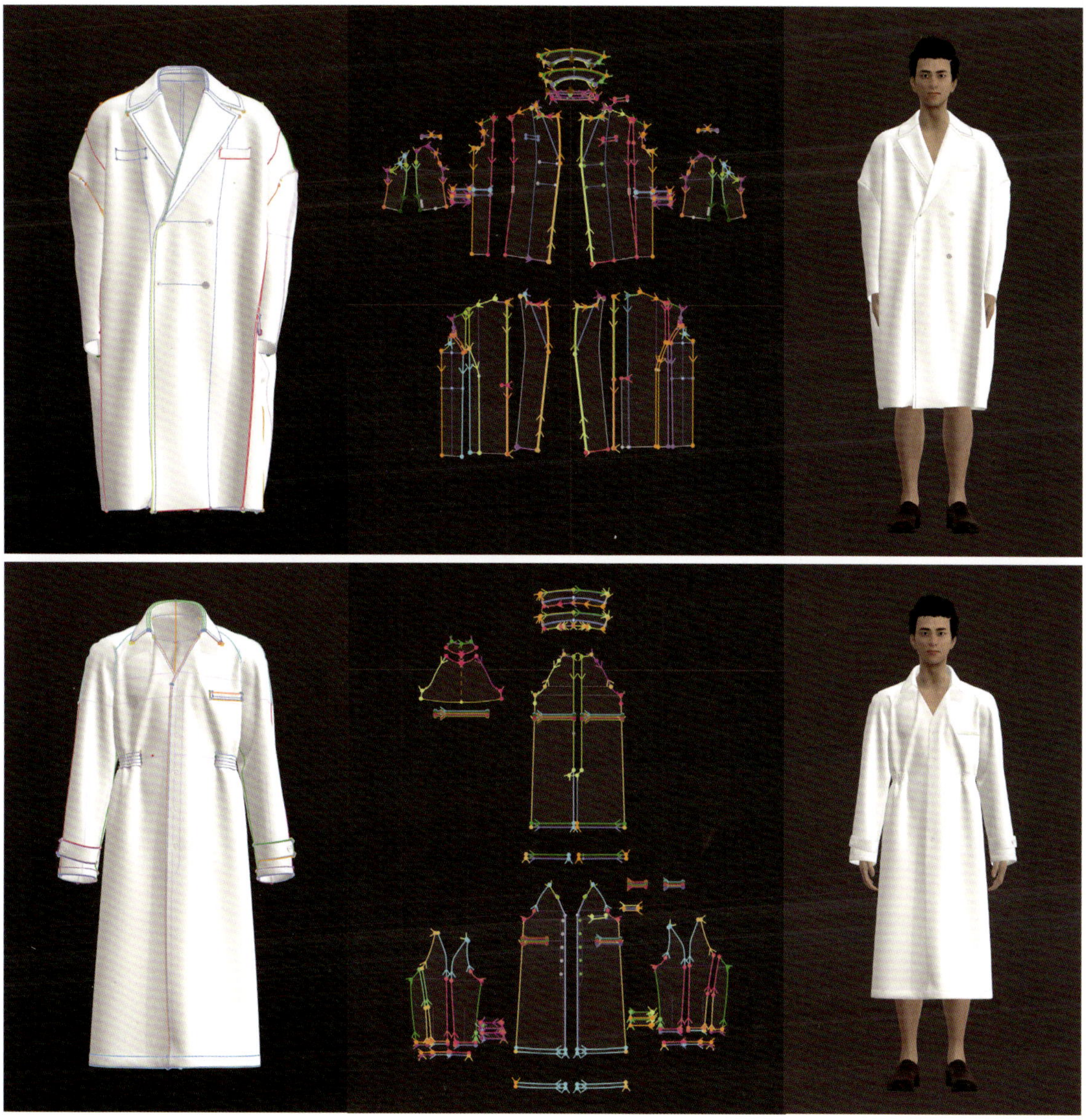

图5-7 大衣款式设计三

三、羽绒服

羽绒服作为秋冬季节不可或缺的功能性服饰，其设计可突破传统单一品类的局限，与大衣、外套、毛衫乃至西装等多品类服饰进行创新性融合设计。在具体设计实践中，除常规的面料选择、功能开发、款式创新及细节处理等设计维度外，可充分运用 Style3D 的三维渲染技术进行多品类搭配设计模拟，实现设计效果的直观呈现与快速迭代（图 5-8）。在羽绒服表面图案设计方面，建议将绗缝工艺与图案设计进行系统性整合，通过工艺与图案的有机结合，创造出兼具功能性美学的设计效果。在羽绒服的口袋设计方面，可以参考第三章中的各类口袋设计进行模块组合。这种设计思路不仅能够提升羽绒服的视觉表现力，同时也能强化其作为时尚单品的可搭配性，满足现代消费者对功能性服饰的审美需求。

羽绒服制作

图5-8 羽绒服款式设计

四、连帽外套

连帽外套是运动服饰设计中的重要品类，尤其在卫衣设计中占据显著地位，近年来已发展成为跨年龄层的流行单品。从结构设计角度，连帽外套主要可分为开襟式与套头式两大基础款式。在工艺处理方面，图 5-9 与图 5-10 展示了两种不同的帽型设计，前者在帽沿边缘采用弹性处理工艺，确保穿着时能够紧密贴合头部轮廓，提升舒适性与功能性。图 5-11 为男女通用款连帽外套设计，此类版型结构同样适用于卫衣设计。针对冬季款式的设计需求，可在帽沿边缘增加毛领设计（图 5-12），通过在帽沿边缘设置单一版片结构，并运用毛发渲染技术，即可实现多样化的毛领视觉效果。图 5-13 和图 5-14 是同一款外套无毛领和加毛领效果。需要特别注意的是，在进行虚拟试衣时，建议选用无发型基础模特（专为戴帽设计），这一选择可有效避免发型与帽型的穿模现象，确保设计效果的准确呈现。这种设计方法不仅提升了开发效率，也为设计师提供了更大的创意空间。

连帽外套制作

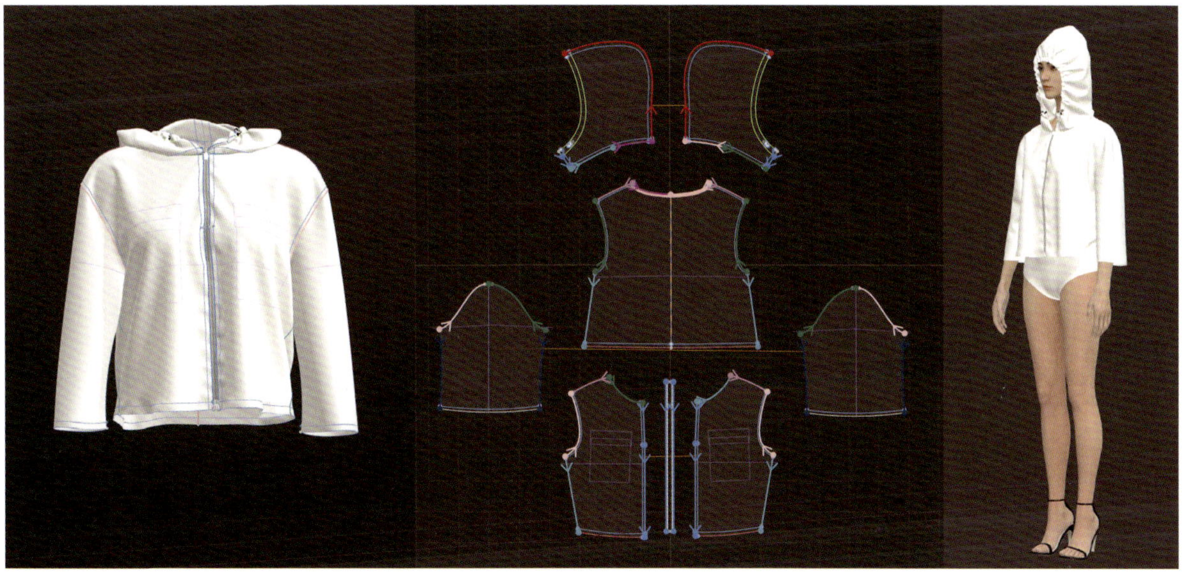

图5-9 连帽外套设计一

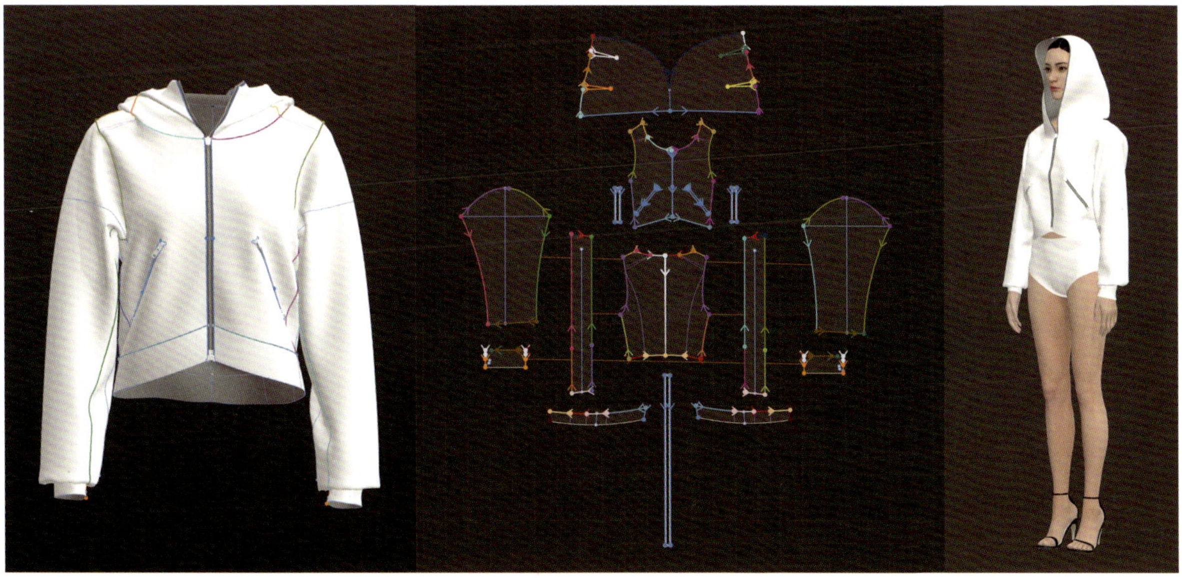

图5-10 连帽外套设计二

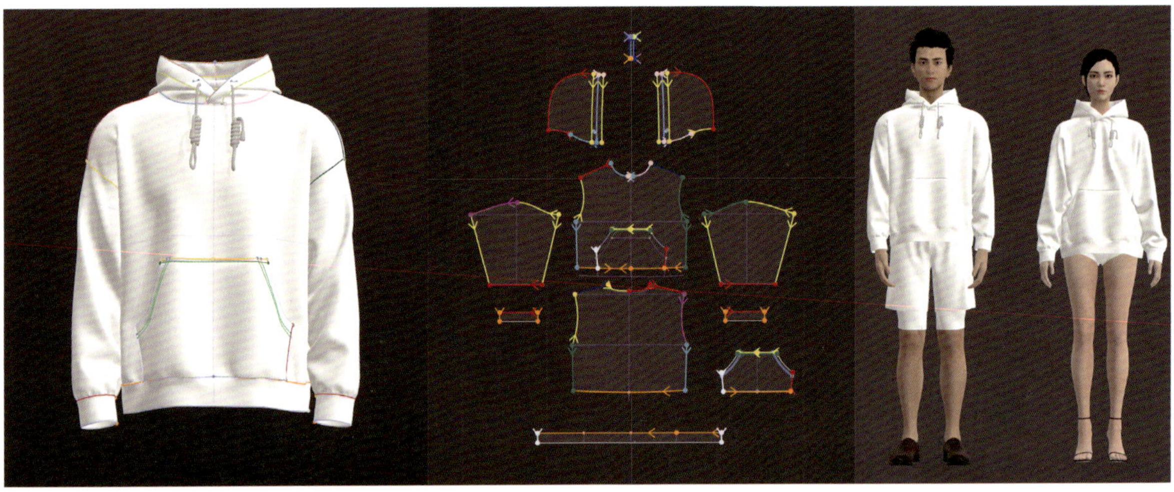

图5-11 中性款连帽外套设计

图5-12 毛领连帽外套上身图及对应服装版片

图5-13 无毛领效果

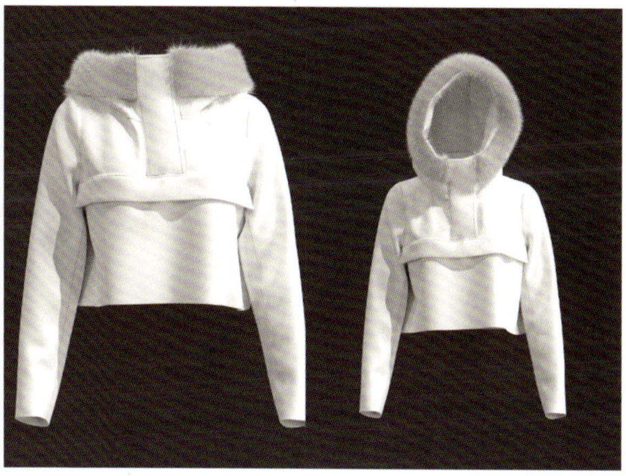

图5-14 加毛领效果

五、针织服装

针织服装设计因其对工艺技术的特殊要求，始终是服装设计领域中的重点与难点。设计师可充分运用 Studio 与 Knitdesign 两大模块的协同优势，实现针织服装设计的创新突破。在具体设计实践中，建议从面料开发与版型设计两个核心维度展开：Studio 模块可为设计师提供高效的版型结构调整与三维试衣验证功能，而 Knitdesign 模块则专注于针织花型结构与色彩搭配的快速试样与优化。两大模块各具特色且优势互补，在实际应用中，设计师可根据设计主题的风格定位与工艺复杂度，灵活选择单一或组合使用方案，以实现设计效率与成品质量的平衡。这种模块化设计方法不仅提升了针织服装设计的可控性，也为设计师提供了更广阔的创意空间。同时搭配人体受压和应力分析，为针织服装的舒适度提供更多维度的参考（图 5-15~ 图 5-18）。

针织款式制作

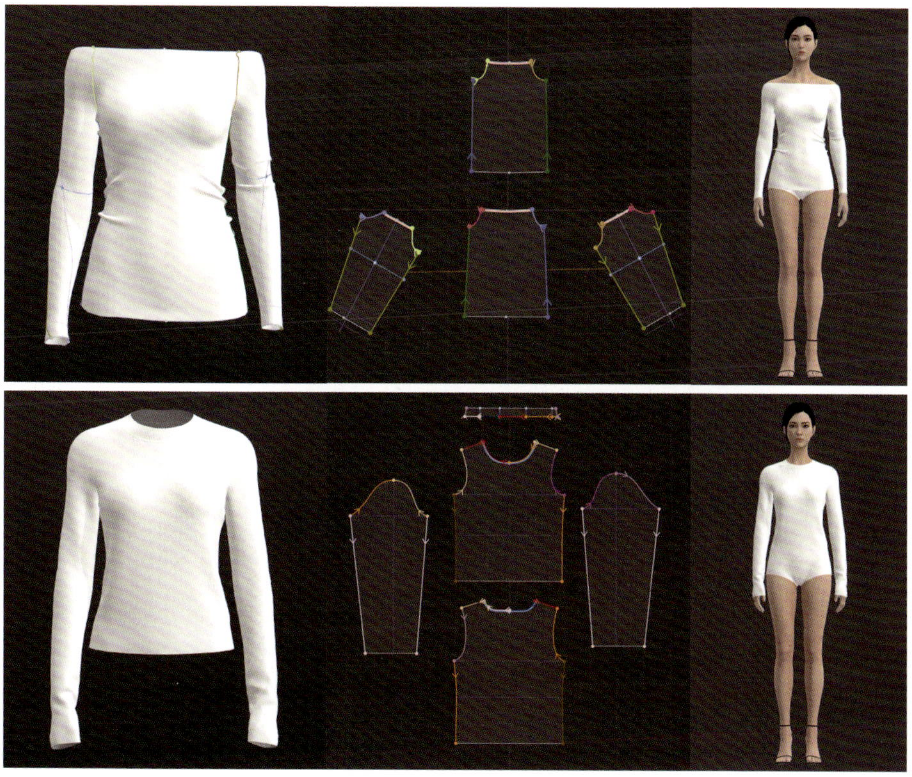

图5-15 针织服装款式设计一

图5-16 针织服装款式设计二

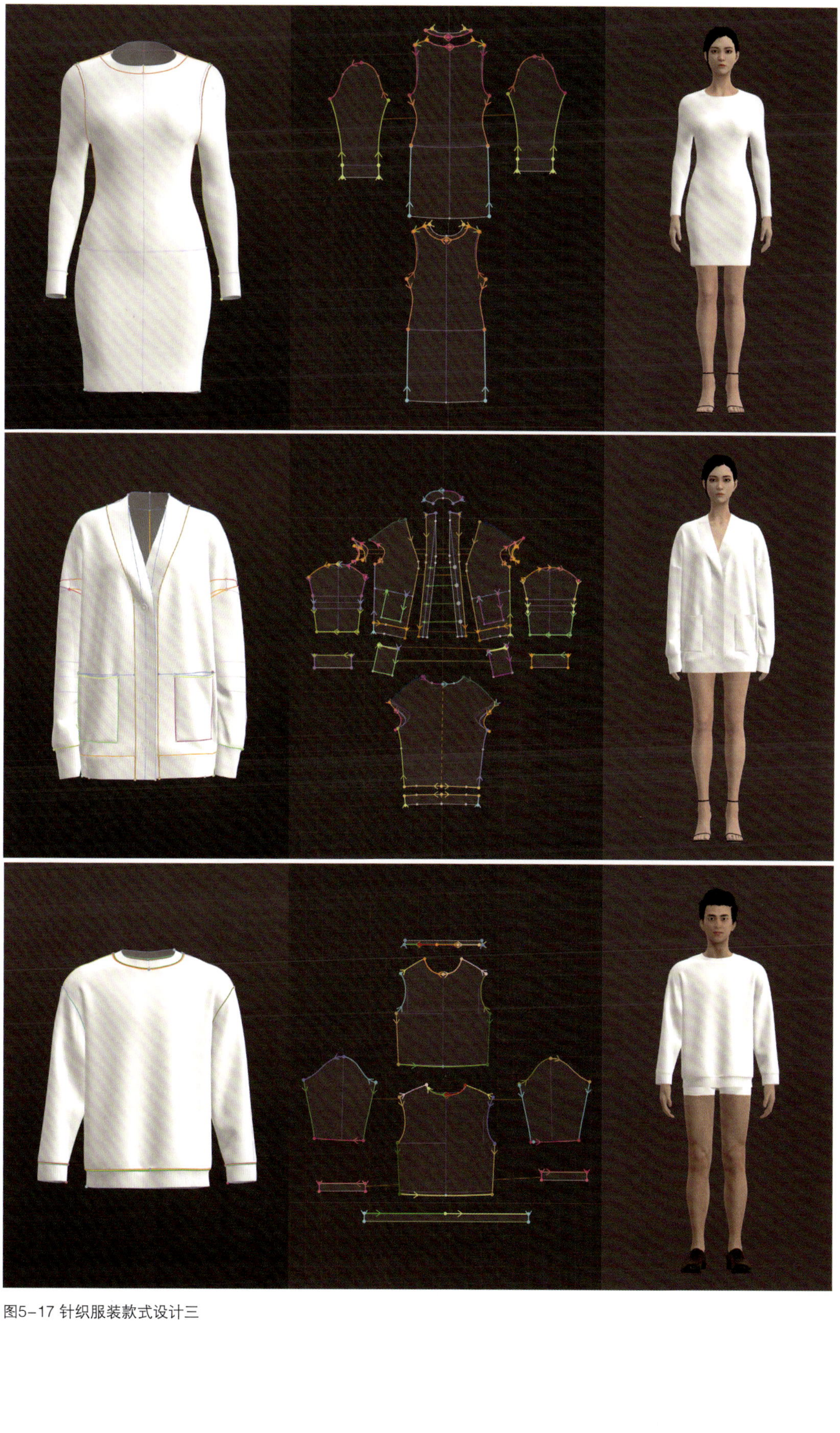

图5-17 针织服装款式设计三

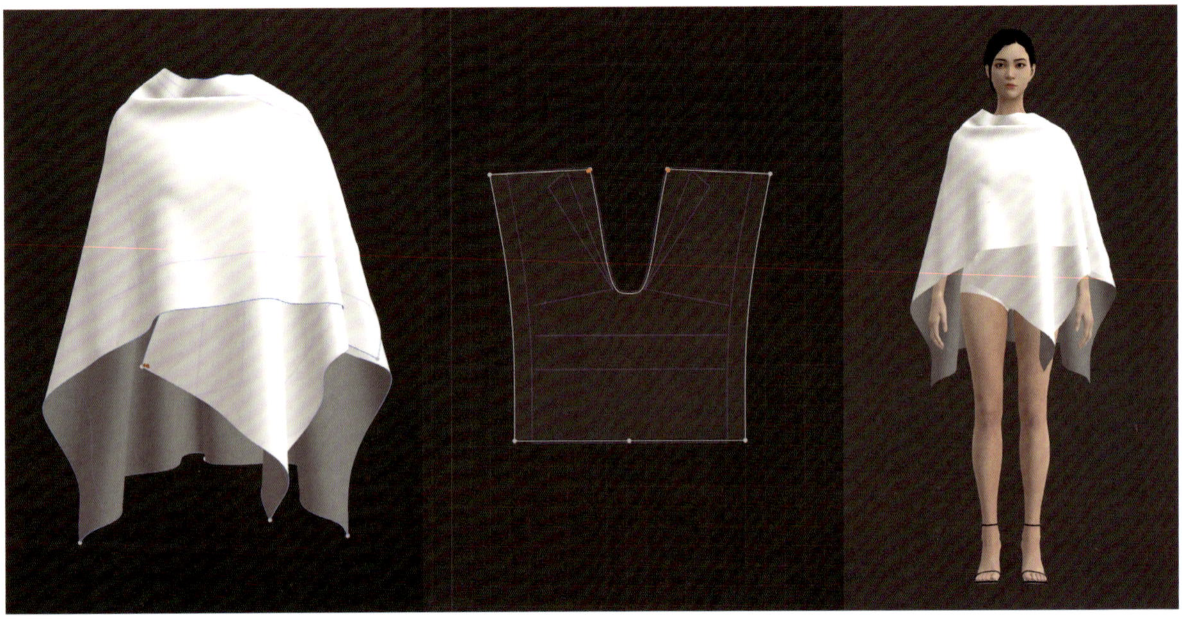

图5-18 针织披风款式设计

六、内衣

内衣设计作为服装设计领域中高度专业化的分支，其核心在于对细节、功能性与舒适性的精准把控。在品类细分方面，文胸设计主要涵盖无钢圈款、运动款及塑身款等类型；内裤设计则包括平角款、三角款及高腰款等基础款式（图5-19）。随着时尚观念的演进，内衣外穿已成为重要的设计趋势，这一现象促使内衣设计逐渐突破传统边界。在设计实践中，建议借鉴泳装设计的装饰性元素与版型结构（如图5-20）和吊带元素款式设计（图5-21、图5-22），通过融合创新提升内衣的时尚表现力。同时，可引入运动服饰中的功能性元素，如罗纹面料的应用（图5-23），以拓展内衣的穿着场景与实用价值。这种跨品类的设计思维不仅丰富了内衣的产品线，也满足了现代消费者对内衣多元化、功能化的需求。

内衣制作

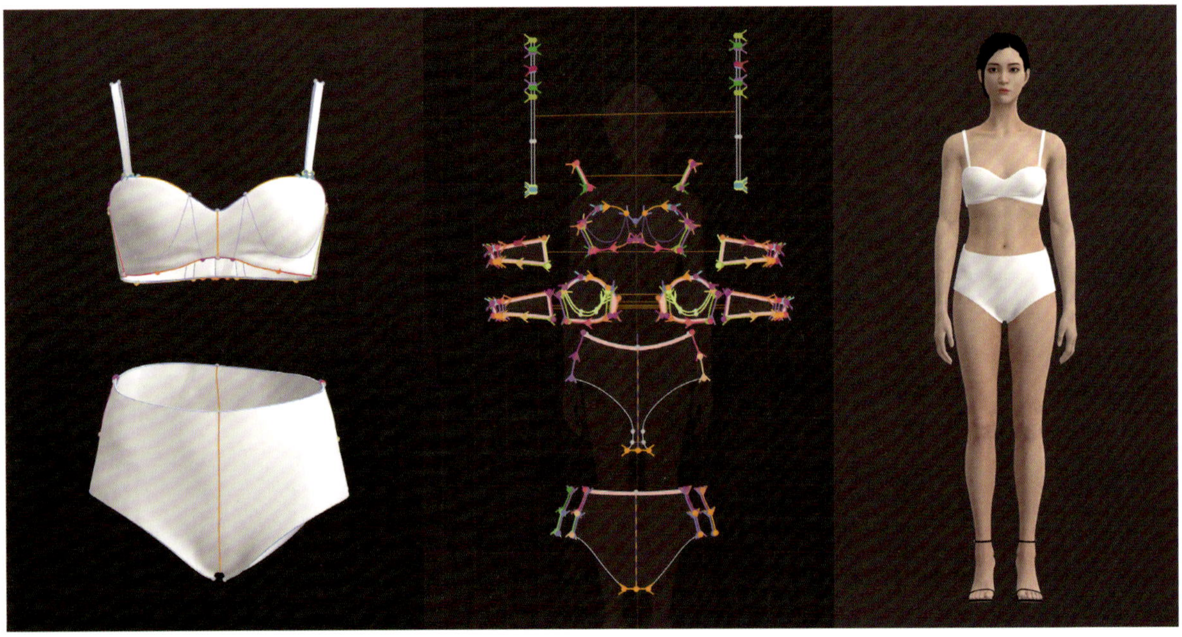

图5-19 内衣基础款式设计

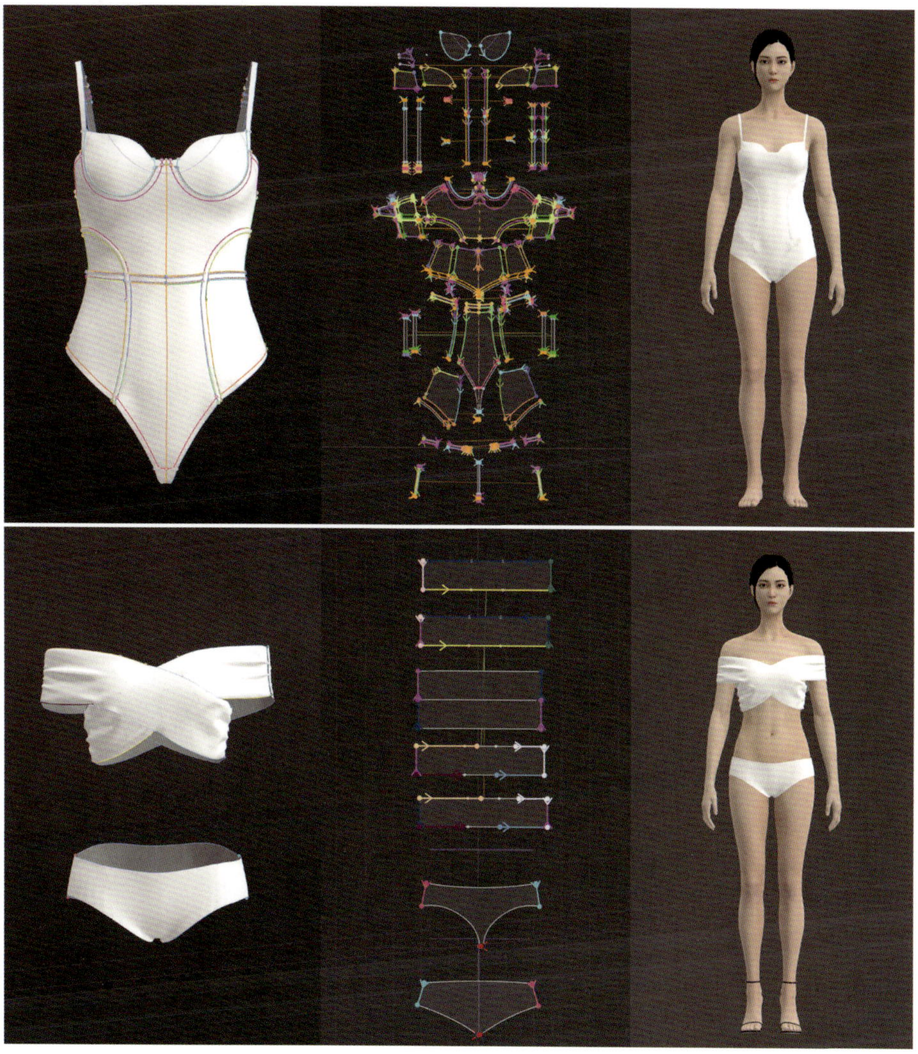

图5-20 泳装风格内衣款式设计

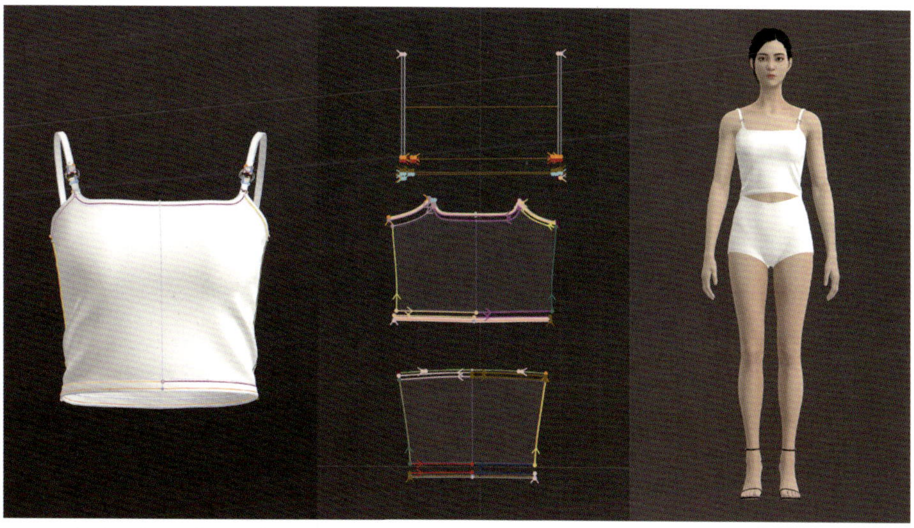

图5-21 经典吊带内衣款式设计

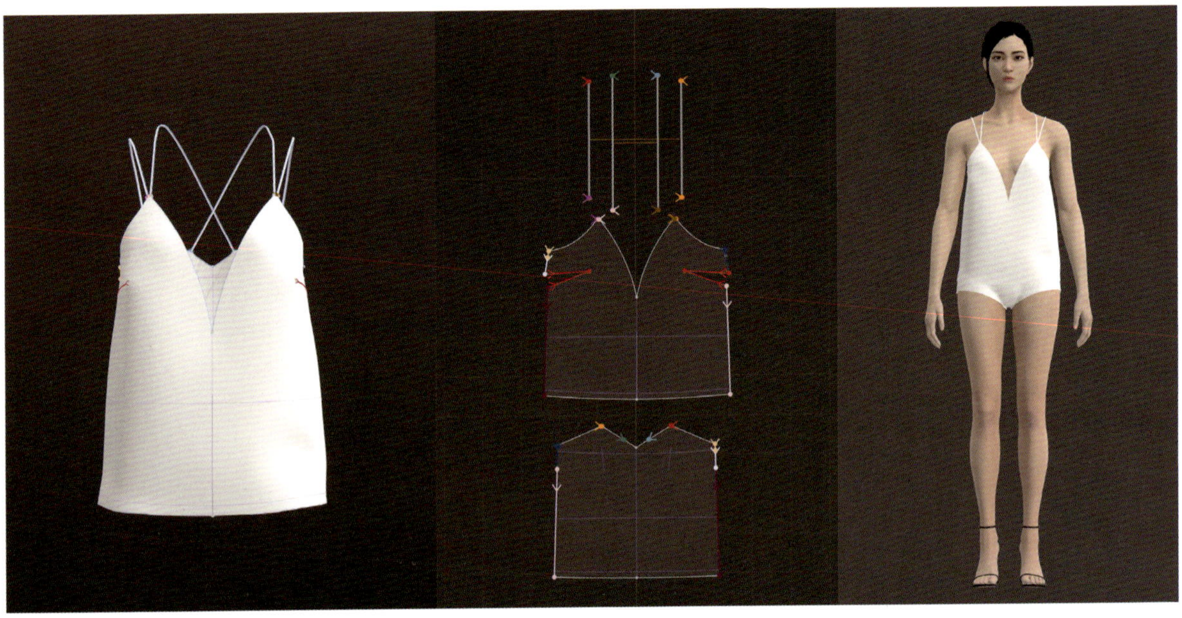

图5-22吊带款内衣款式设计

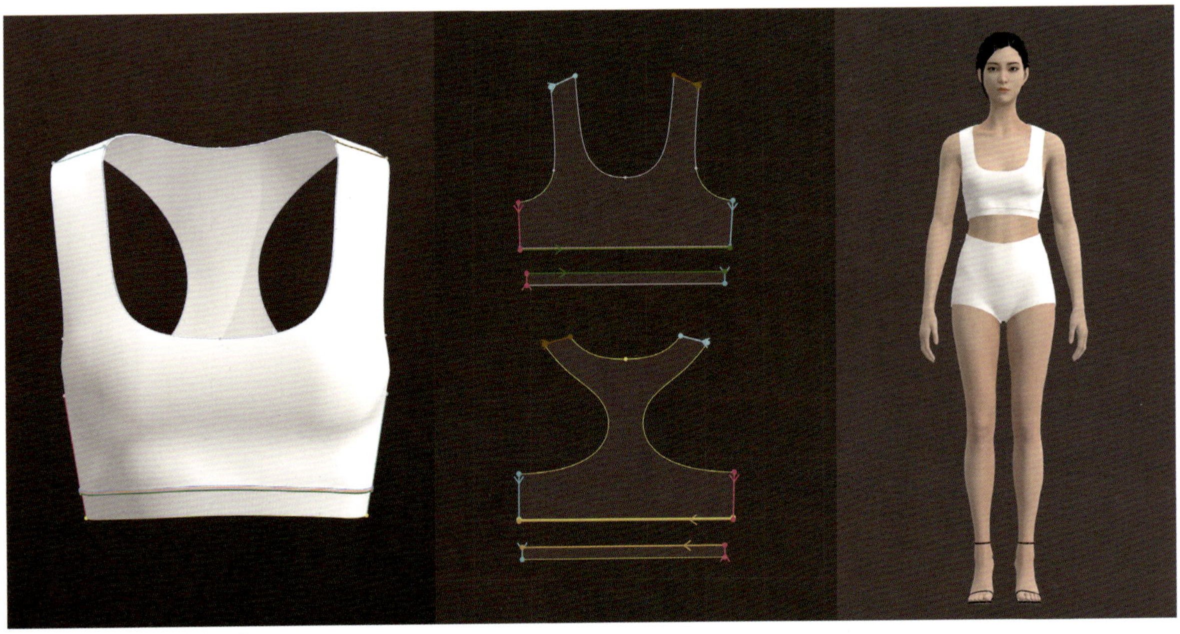

图5-23 运动款内衣款式设计

七、长裤

长裤设计作为下装设计的重要品类，其创新可从版型结构与细节装饰两个维度展开。在版型设计方面，建议探索修身与宽松的对比美学。同时，可通过打褶工艺与侧缝开叉设计的创新运用，将开口结构灵活设置于版型边缘或中部，创造出虚实相生的空间层次感。在细节装饰层面，设计重点可分为两个方向：其一，腰头设计应与裤型风格相协调，通过不同腰头结构的混搭实验，往往能碰撞出独特的创意效果；其二，可充分运用Style3D中的辅料库资源，通过不同质感配件的组合运用，实现功能性与装饰性的有机统一。这种系统化的设计方法不仅提升了长裤的实用价值，也强化了其作为时尚单品的表现力（图5-24~图5-26）。

西裤制作

图5-24 长裤款式设计一

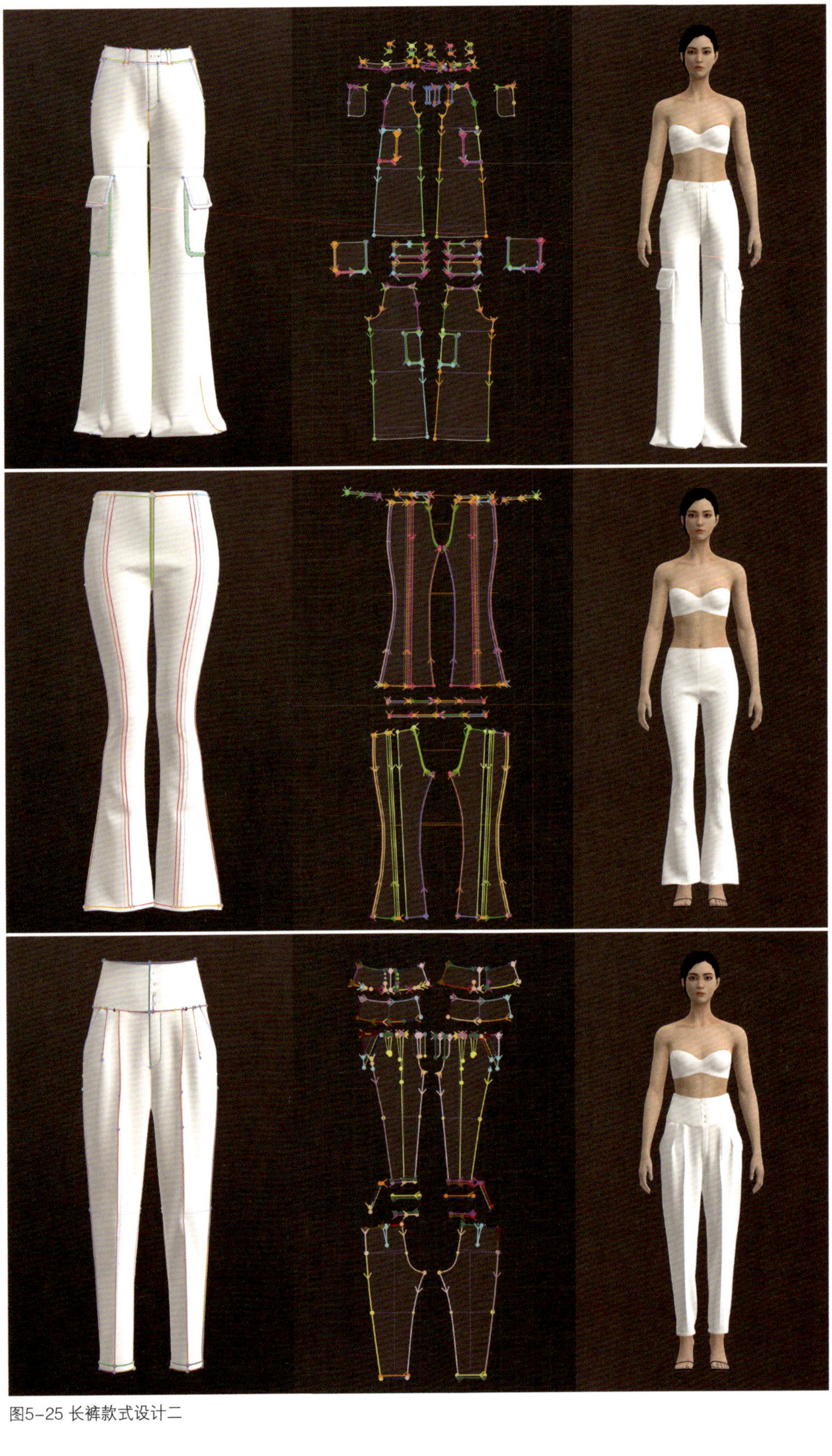

图5-25 长裤款式设计二

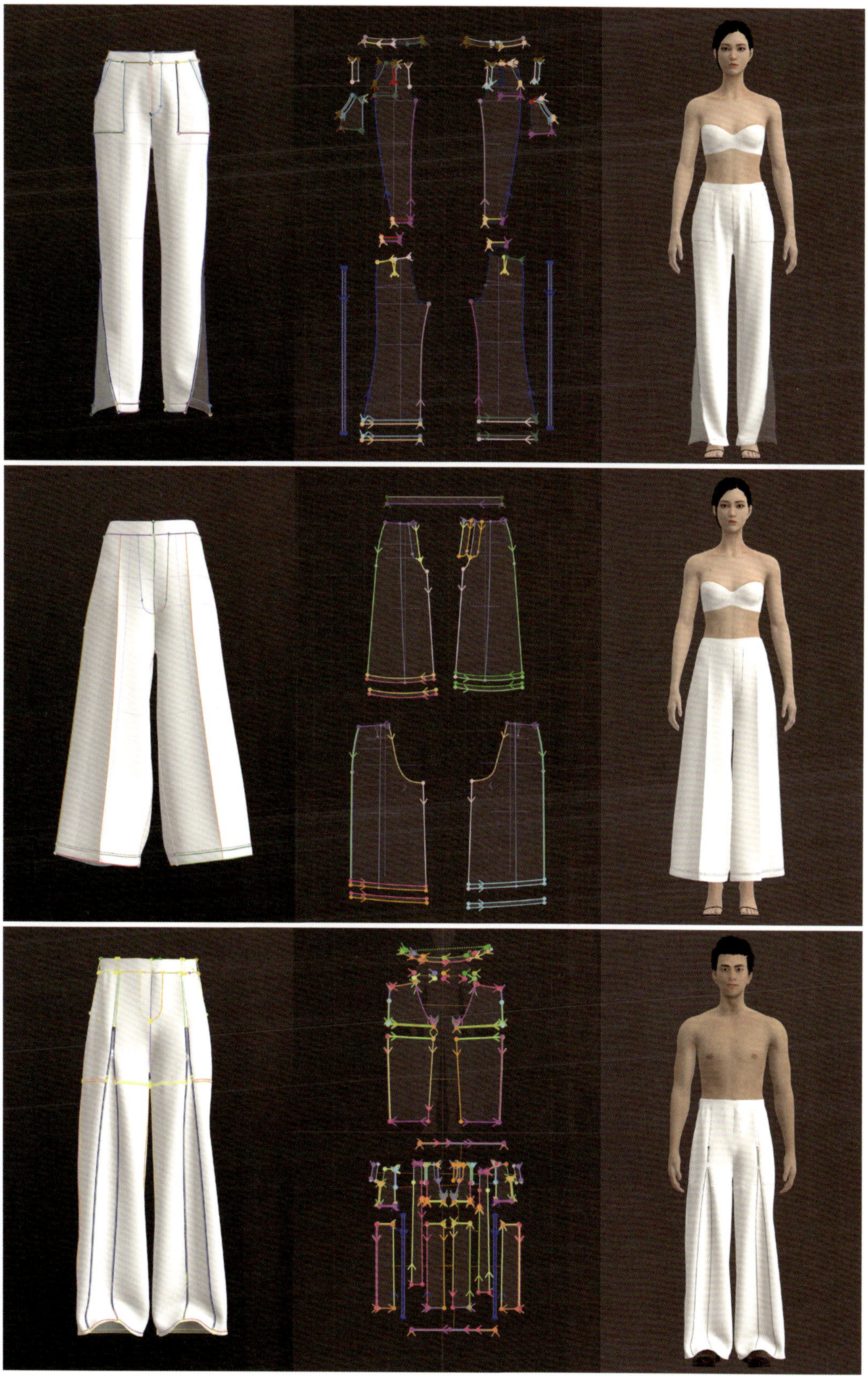

图5-26 长裤款式设计三

八、短裤

短裤设计与长裤设计存在诸多相似之处，因此可以直接借鉴长裤的版型进行调整。在设计短裤时，需特别注意裤长与大腿到膝盖、膝盖到脚踝三个部分的比例关系，避免形成三等分的视觉效果，以确保整体比例的协调性。在处理裤脚边缘毛边细节效果时，可通过贴图实现模拟毛边肌理效果。设计师可以根据毛边的疏密需求进行灵活调整。在设计多层裤型时，选中里层的版片，在“属性编辑视窗”中将“层次”设置为“-1”，而外层则设置为“0”，以便进行缝合操作。这种层次设置能够确保多层结构的合理性和美观性。通过以上方法，设计师可以在短裤设计中灵活运用长裤版型的经验，同时注重比例和细节的处理，以实现更加精致和协调的视觉效果（图5-27）。

短裤制作

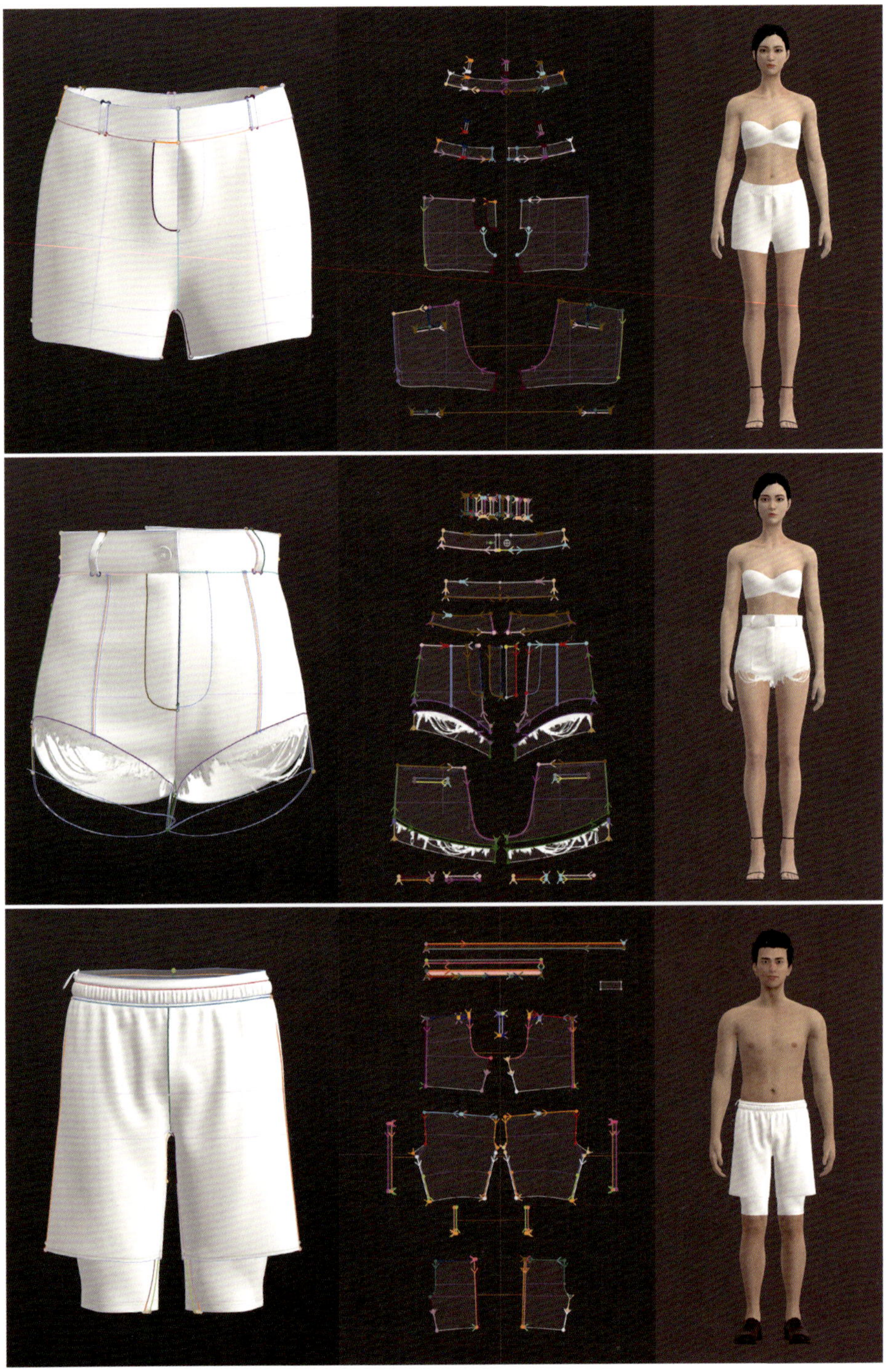
图5-27 短裤款式设计

九、连体裤/衣

连体服装设计作为一种独特的服装品类，其核心在于通过上装与下装的创新性组合构建全新版型。在具体设计实践中，主要可采用两种系统化的设计方法：其一，基于现有版型的重构设计，例如将紧身吊带上装与宽松阔腿裤下装进行组合，通过廓形对比营造出精致与松弛并存的视觉效果；其二，运用Style3D的数字化设计平台，通过智能化的版型组合功能，实现上衣与裤装的精准对接与实时调整。在品类开发方面，连体设计具有显著的延展性：既可设计成长裤休闲款式，通过背带等配件的运用打造粗犷户外风格（图5-28）；也可创新性地将上装与短裤乃至三角裤组合，设计出兼具功能性与时尚感的紧身衣或泳装效果（图5-29）。这种模块化的设计方法为设计师提供了广阔的创意空间，通过对现有上装与下装款式的创造性重组，可开发出多样化的连体服装品类，满足不同场景的穿着需求。

连体裤制作

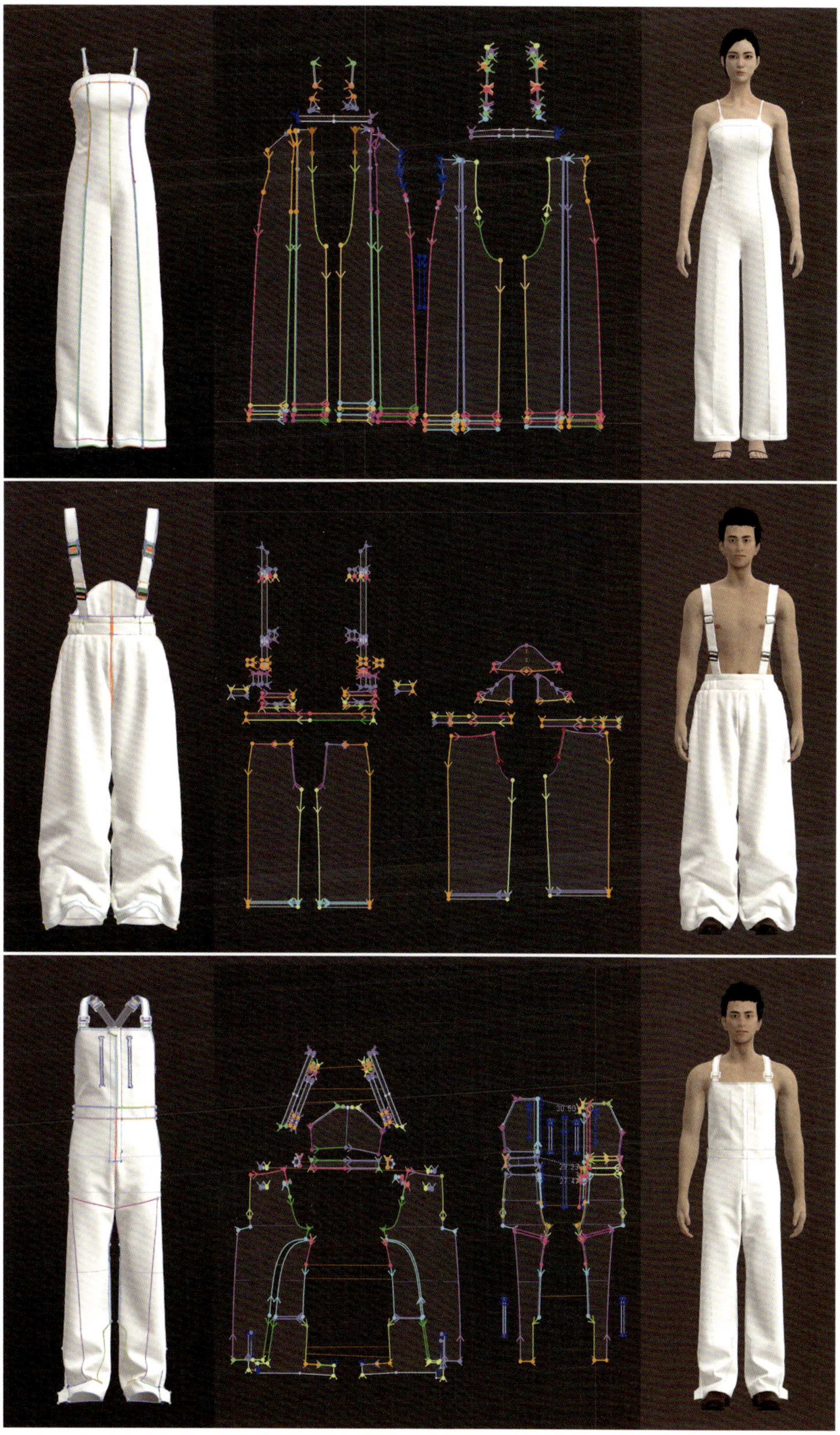

图5-28 连衣裤款式设计

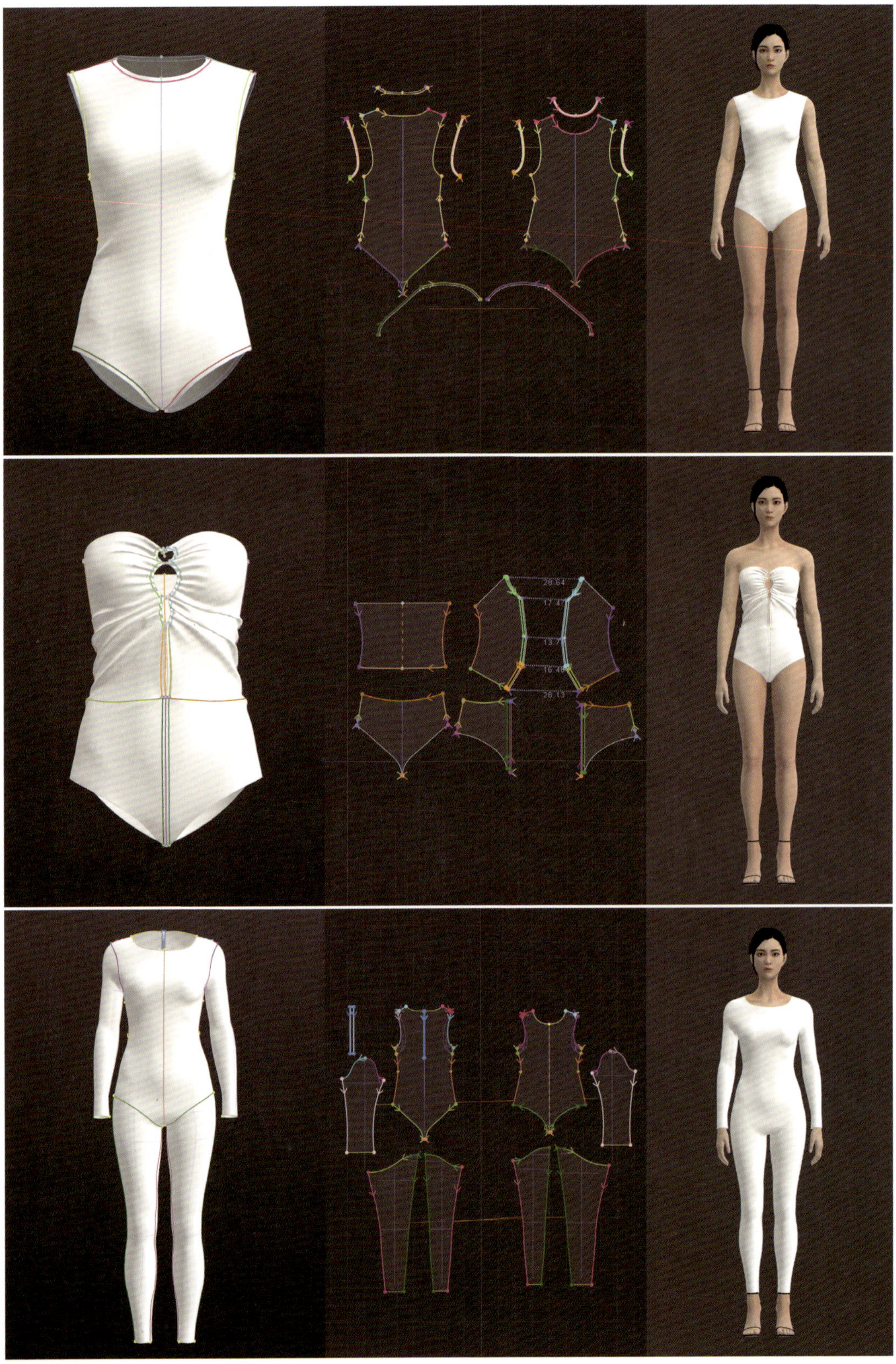

图5-29 连体衣款式设计

十、半裙

女装半裙作为重要的下装品类，其分类体系主要包含A字裙、百褶裙、包臀裙、铅笔裙、伞裙、鱼尾裙及开叉裙等基础款式。裙装版片的结构参数直接影响最终造型效果，在设计实践中，可创新地运用Style3D软件中的“褶”功能模块（具体工艺处理方法详见第二章），实现多样化的造型效果。通过Style3D的快速看板功能，设计师可在基础裙版上进行实时调整与效果预览，极大提升了设计效率。将立体裁剪手法与垂荡工艺相结合，运用于版型设计中，这种创新性的设计方法不仅突破了传统平面制版的局限，也为版型技术尚未成熟的设计师提供了更多探索可能性。数字化设计工具的运用，使得复杂造型的尝试与验证变得更加便捷，有助于激发更多富有创意的裙装设计（图5-30~图5-34）。

半身裙制作

图5-30 半裙款式设计一

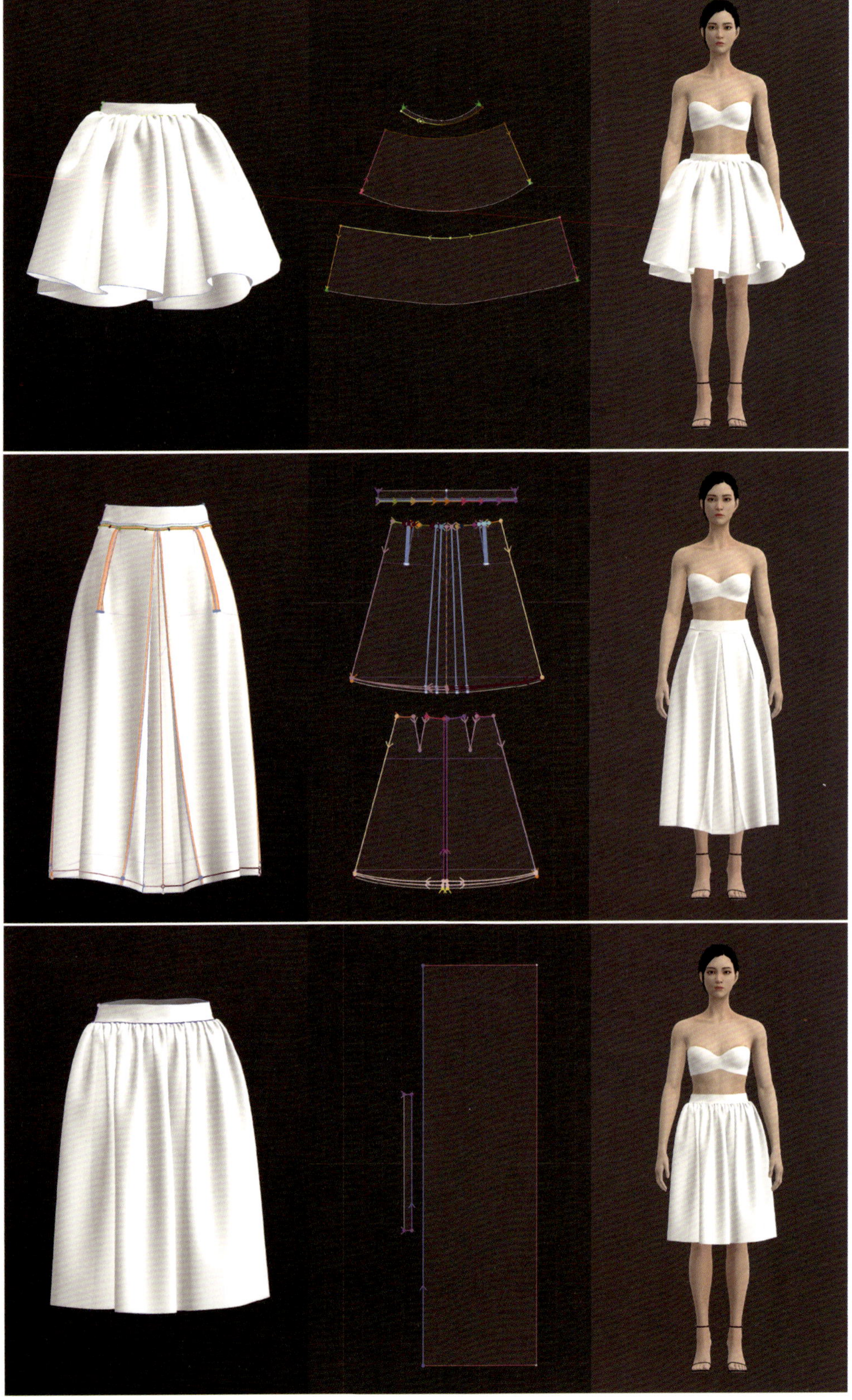

图5-31 半裙款式设计二

图5-32 半裙款式设计三

图5-33 半裙款式设计四

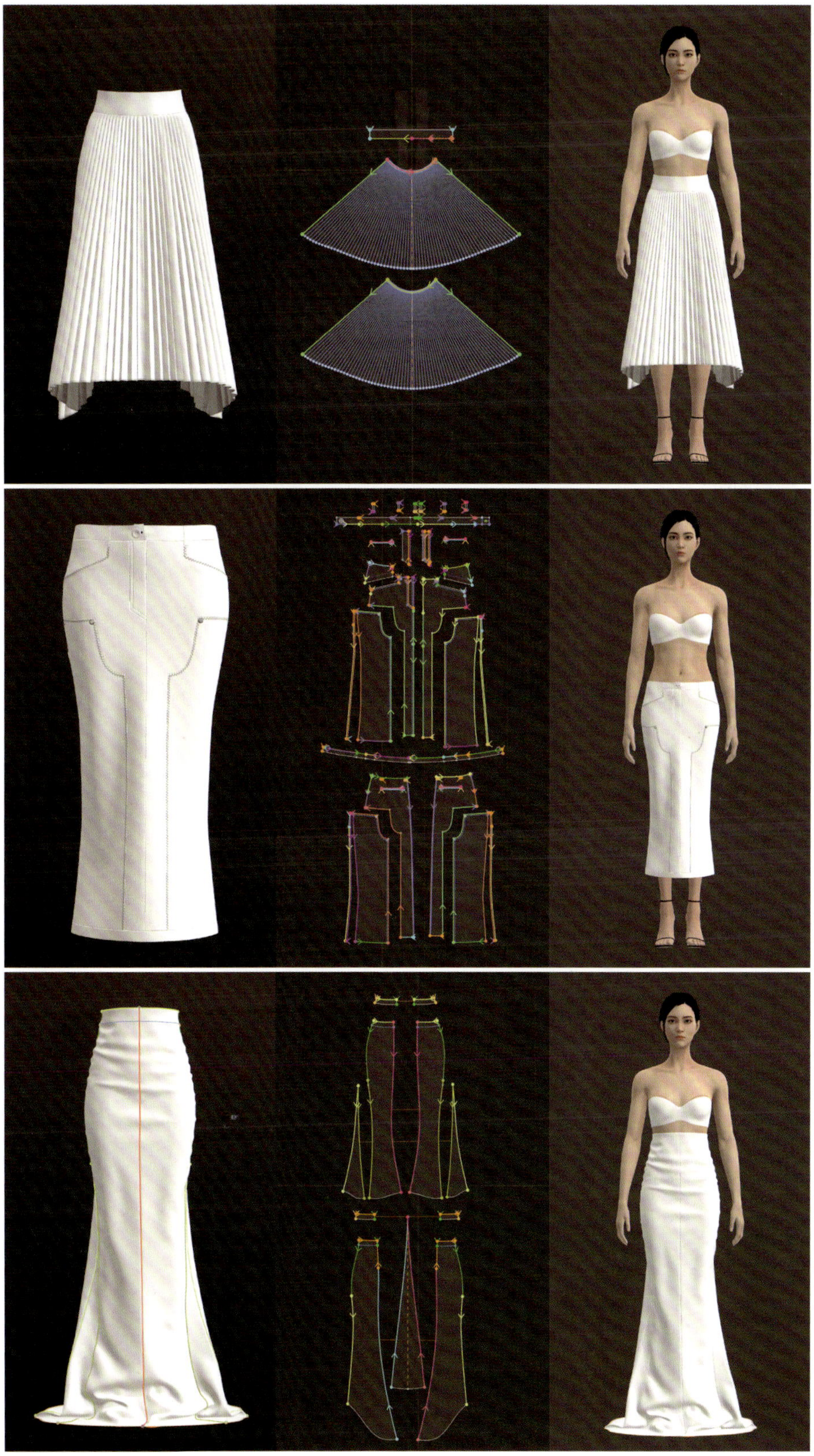

图5-34 半裙款式设计五

十一、连衣裙

连衣裙设计与连体裤设计在结构创新上具有相似的设计逻辑，主要可通过两种系统化方法展开：其一，采用模块化设计思维，将已有的上装版型与半裙版型进行创新性组合（图5-35），这种方法能够快速实现多样化的款式变化；其二，着重于裙摆部位的装饰性设计，通过荷叶边、褶皱等设计元素的运用，提升整体造型的层次感与动态美。在数字化设计实践中，设计师可充分利用Style3D的“固定针”与“缝合”功能模块，模拟传统立体裁剪的制作效果（图5-37）。这种虚拟立裁技术不仅能够帮助设计师直观地“塑造”出富有创意的造型，还大大提高了设计效率，为连衣裙设计提供了更多可能性（图5-36）。通过数字技术与传统工艺的结合，设计师能够在虚拟环境中实现更精准的造型控制与更自由的创意表达。

连衣裙制作

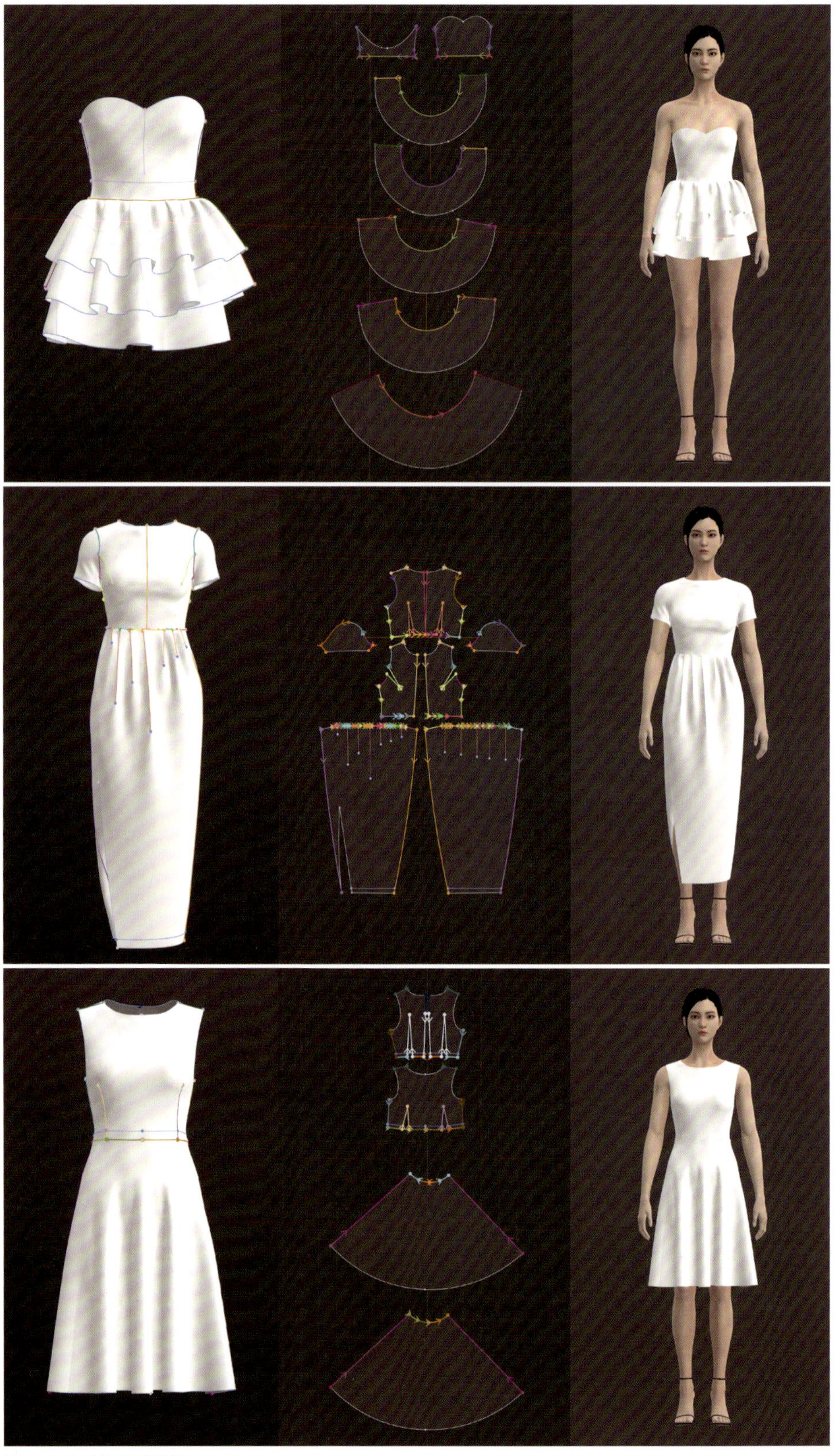

图5-35 连衣裙款式设计一

图5-36 连衣裙款式设计二

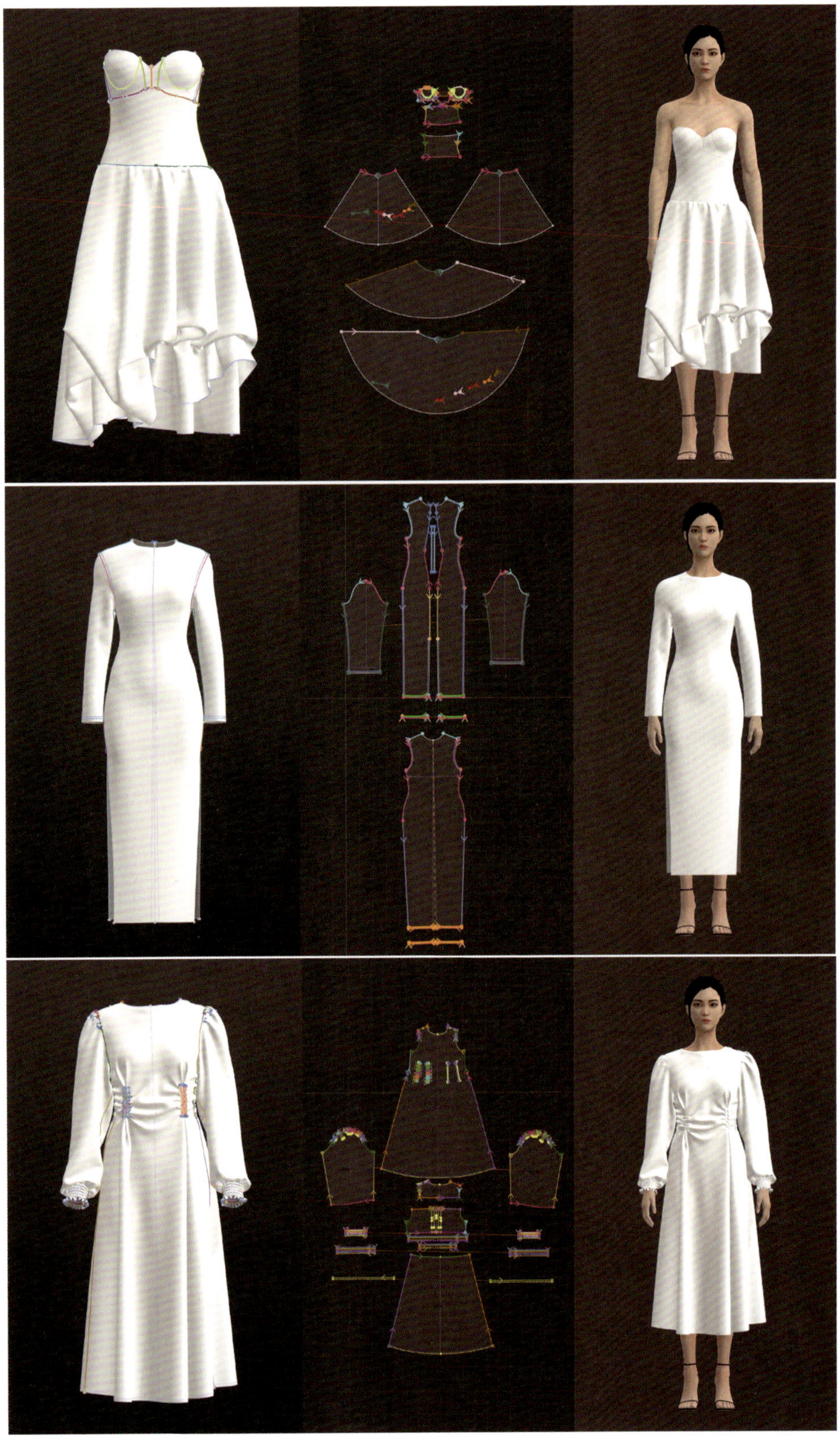

图5-37 连衣裙款式设计三

第二节　款式设计拓展

一、款式拓展一

利用“固定针”的功能键，在同一个版型上设计出不同的穿着效果（图 5-38）。

图5-38 同一版型不同穿搭效果展示

二、款式拓展二

基础抽绳抹胸上衣（图5-39）通过添加微小细节可以衍生出吊带款（图5-40）、无袖款（图5-41）和长袖款设计（图5-42）。

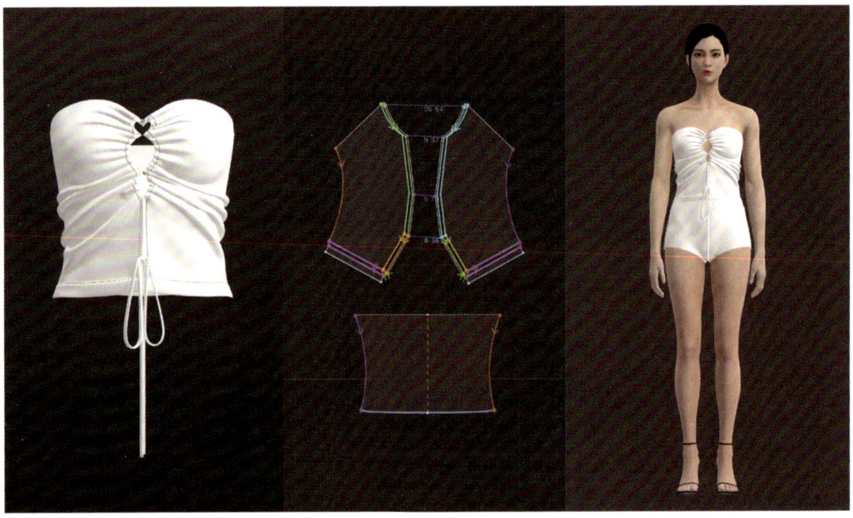

图5-39 基础款抹胸

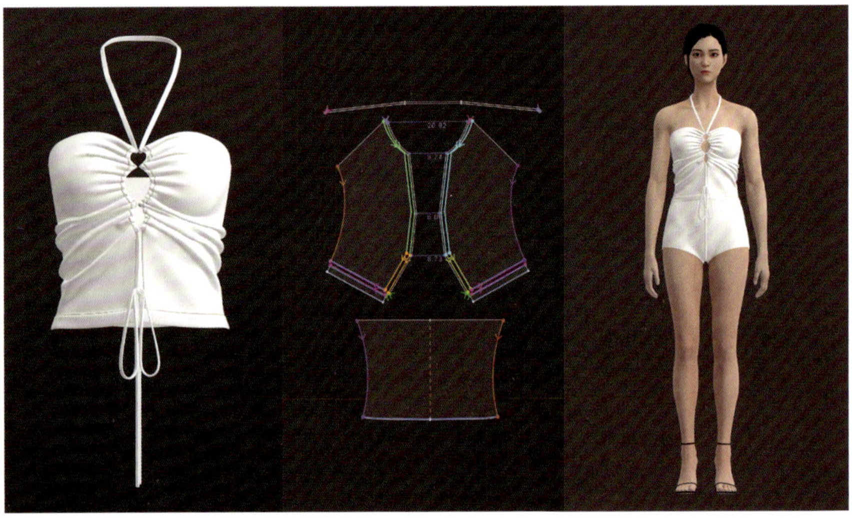

图5-40 吊带款

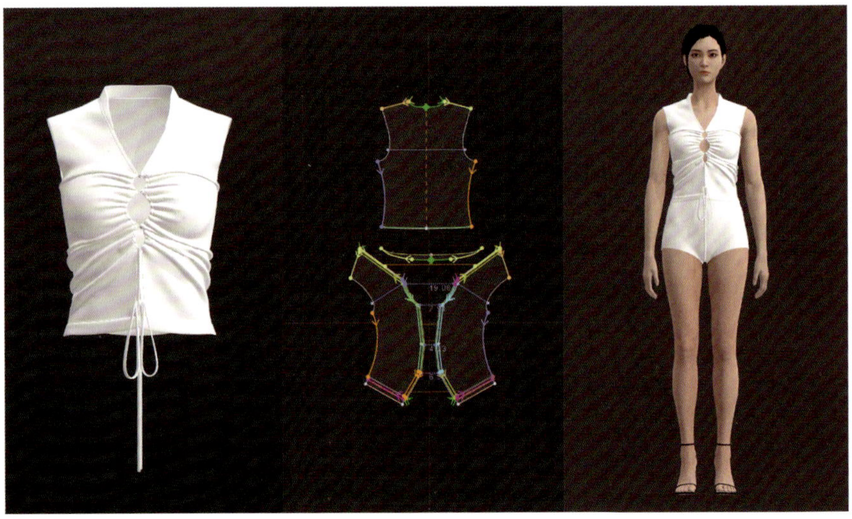

图5-41 无袖款

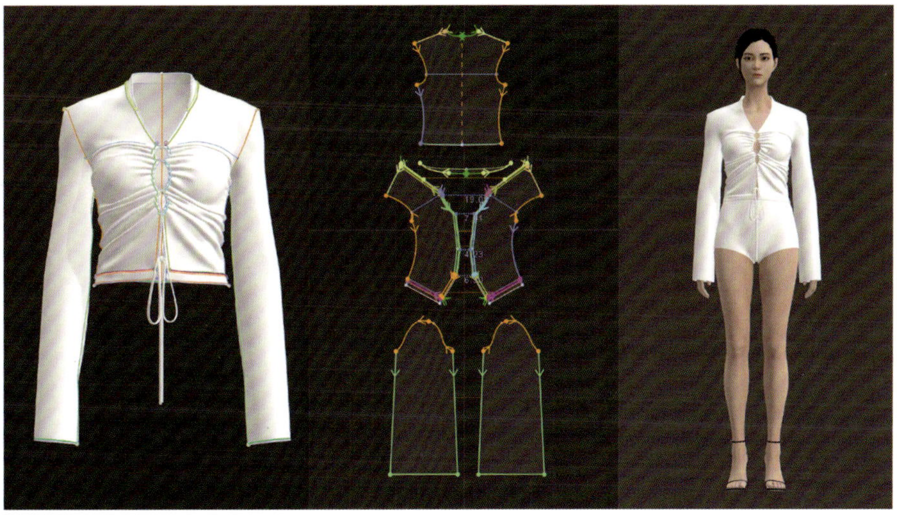

图5-42 长袖款

三、款式拓展三

基础文胸版型（图 5-43），通过加减细节，可以衍生出抹胸款（图 5-44）、连衣裙款（图 5-45）和两件套款（图 5-46）。

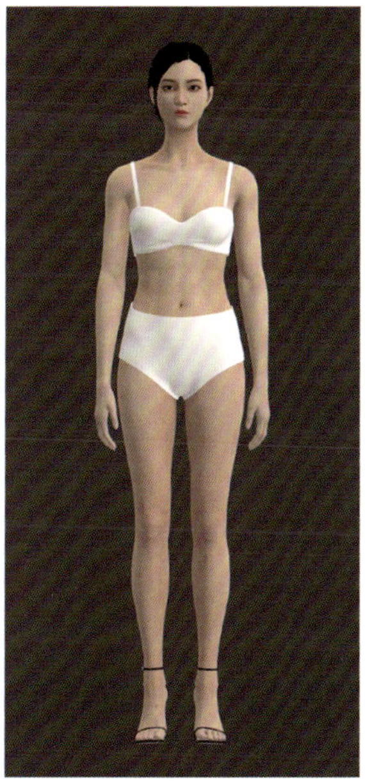

图5-43 基础文胸款

图5-44 抹胸款

图5-45 连衣裙款

图5-46 两件套款

四、款式拓展四

相同的衬衫版型，通过改变袖型和外套面料（图5-47），衍生出轻薄外套款（图5-48）和毛呢外套款（图5-49）。

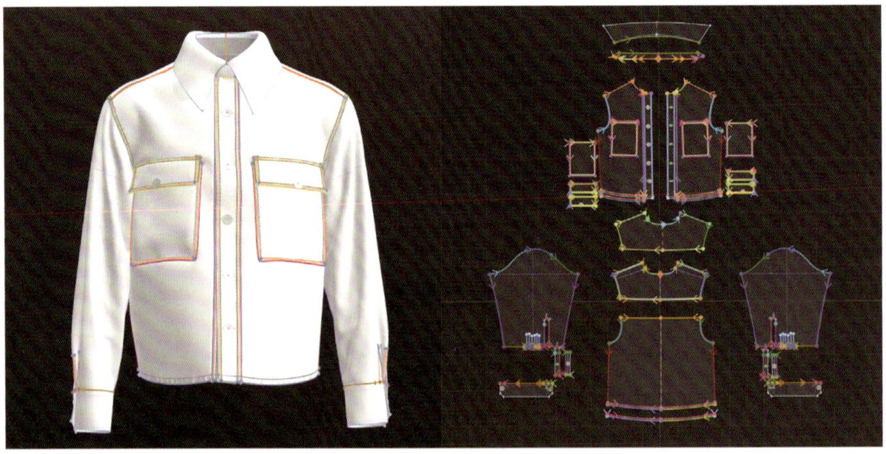

图5-47 基础男士衬衫款

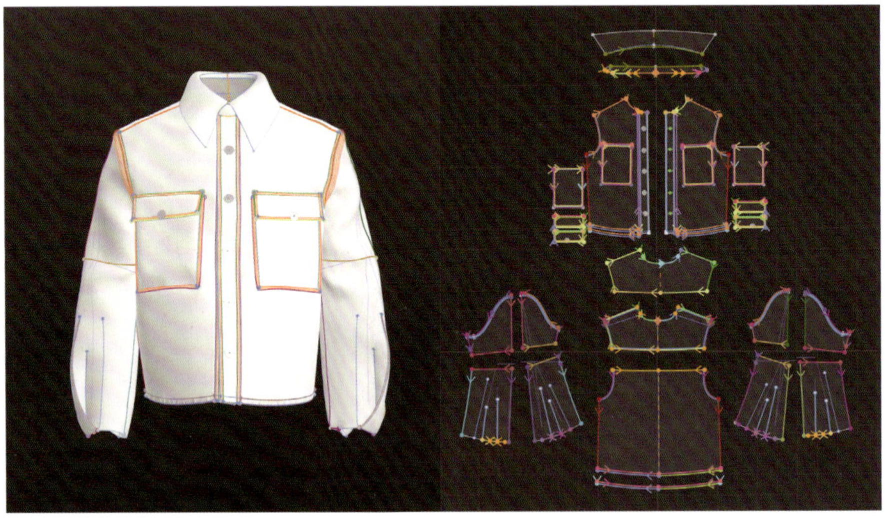

图5-48 轻薄外套款

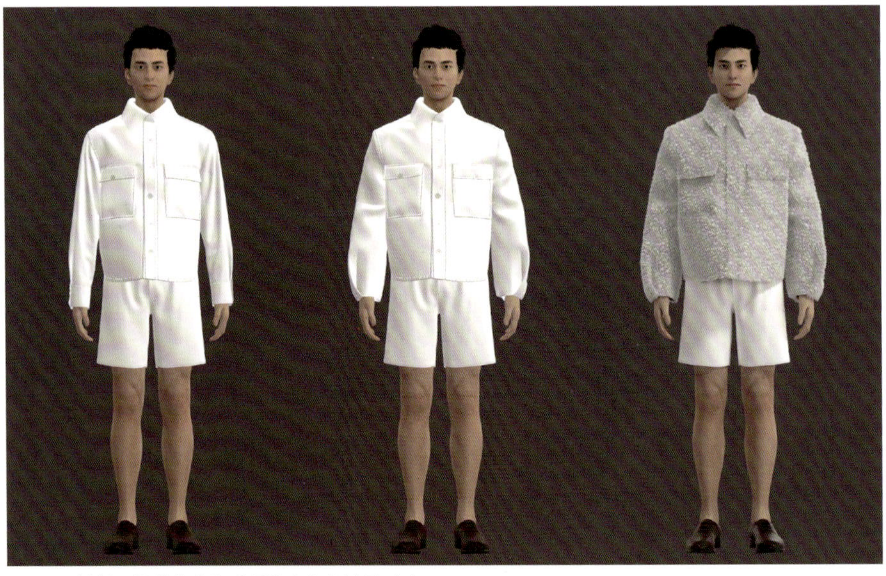

图5-49 衬衫、轻薄外套和毛呢外套上身效果对比

五、款式拓展五

相同的衬衫版型结构，通过拉长比例，增加装饰细节（图 5-50），衍生出连衣裙款（图 5-51）和风衣款（图 5-52、图 5-53）。

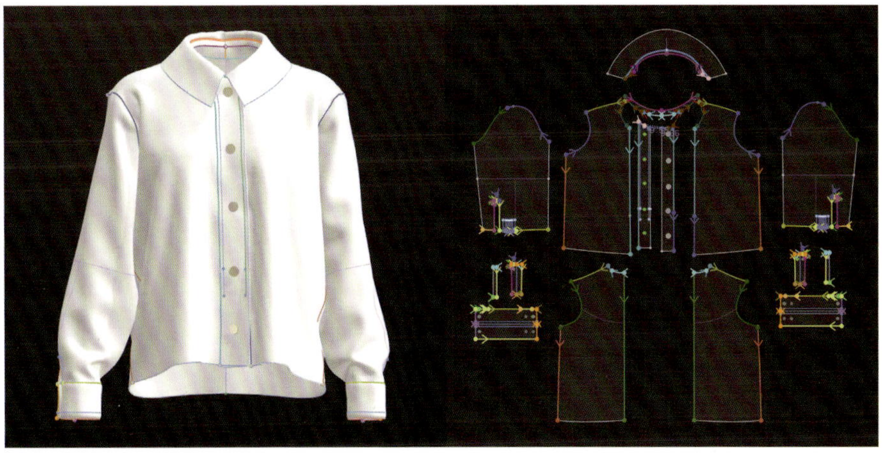

图5-50 基础女士衬衫款

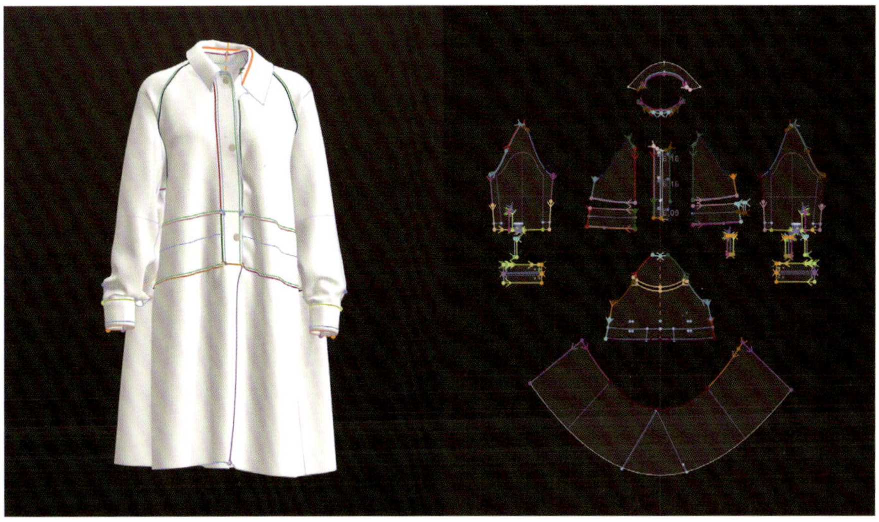

图5-51 衬衫连衣裙款

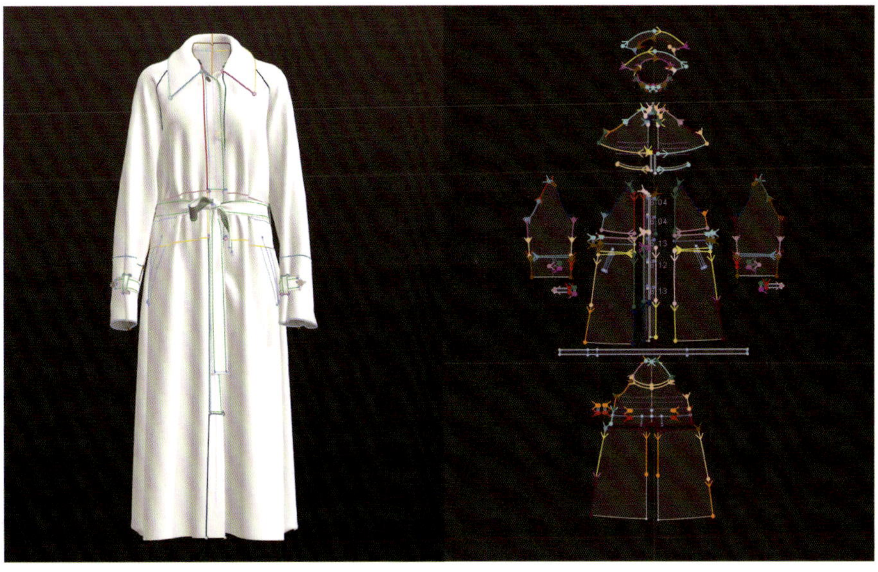

图5-52 风衣款

图5-53 衬衫、连衣裙和风衣款上身效果对比

第三节 创意项目设计拓展

一、设计案例一

灵感来源《永恒记忆》是一部瑞典译制影片（图5-55），影片的故事发生在20世纪初的瑞典，当时瑞典正处在一个非常动荡的时期。我们可以把这个故事概括为一位普通女工和她既喜欢醉酒又喜欢拈花惹草的风流丈夫之间的故事；影片讲述了瑞典第一位女摄影师玛丽亚·拉森的生平经历，展现了她在困境中通过摄影找到自我和希望的历程。设计师从影片中受到启发，通过女主角角色风格（图5-54），设计出一系列展示独立女性的服装款式（图5-56~图5-58）。（周垚鑫作品）

图5-54 灵感来源元素提取图

图5-55 影片海报图

图5-56 款式白胚样

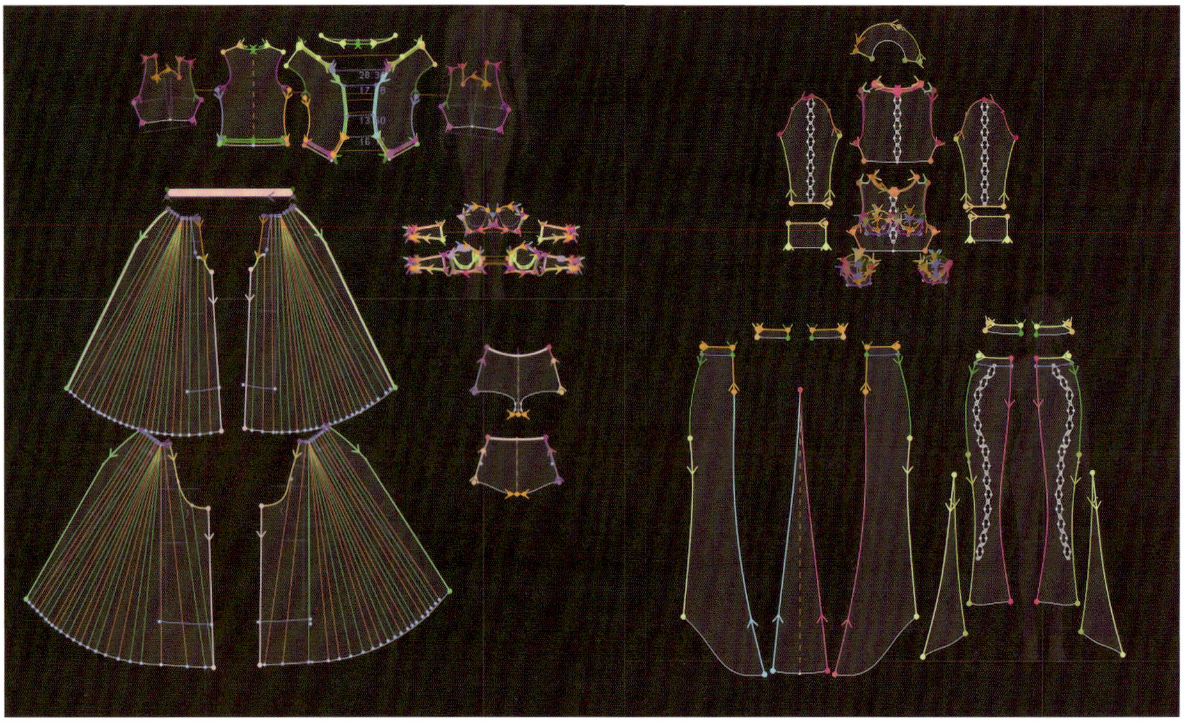

图5-57 款式版片

图5-58 系列服装效果图

二、设计案例二

灵感来源于中国古代的哲学思想“天圆地方”学说，“天圆地方”概念体现在多个领域，包括建筑、产品、服装等。从“天圆地方”概念中提取出“动与静”“虚与实”“坚硬与柔软”等观念，根据这些概念，将方与圆进行再提取，形成直线与曲线的关系，将其运用于服装及面料设计中。作品详细展示了从灵感来源（图 5-59）、颜色提取图（图 5-60）、黑白草稿图（图 5-61）、面料设计（图 5-62）、款式效果图（图 5-63）、服装效果图（图 5-64）、服装大片（图 5-65）到虚拟服装展示（图 5-66）的所有设计环节。（王云儿作品）

图5-59 灵感来源图

图5-60 颜色提取图

图5-61 黑白草稿图

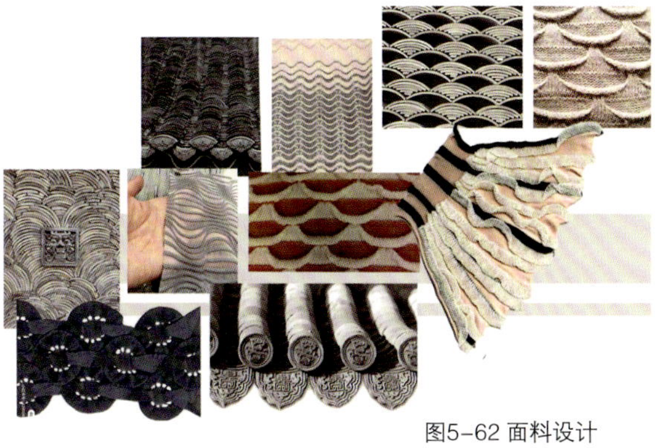

图5-62 面料设计

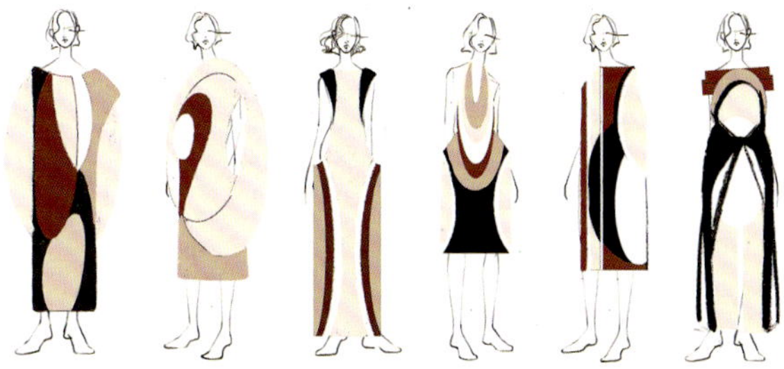

图5-63 款式效果图

图5-64 系列服装效果图

图5-65 服装大片

图5-66 虚拟服装渲染图

图5-67 灵感来源图

三、设计案例三

灵感来源于非洲独特的发型艺术——非洲辫。在非洲炎热的气候下，头发编起来利于散热，也便于打理，后来慢慢引申为一种具有代表意义的独特文化。由于地域以及文化的差异，非洲辫的表现形式丰富多样，巧妙地将其纹理和非洲色彩结合融入服装之中。使用多种不同的针织工艺，包括浮线、复合提花、空气层结构等，以更好地呈现这一主题。基于MACRAME编结工艺，使用伞绳，运用多种编结方式，既突出了头发编织的肌理感，也能在色彩上起到点睛的作用。作品整体展示从灵感来源（图5-67）、设计（图5-68、图5-69）到虚拟服装制作及渲染的过程（图5-70）。（徐鹤凌作品）

图5-68 设计发展过程及大片

图5-69 设计过程及立裁实验

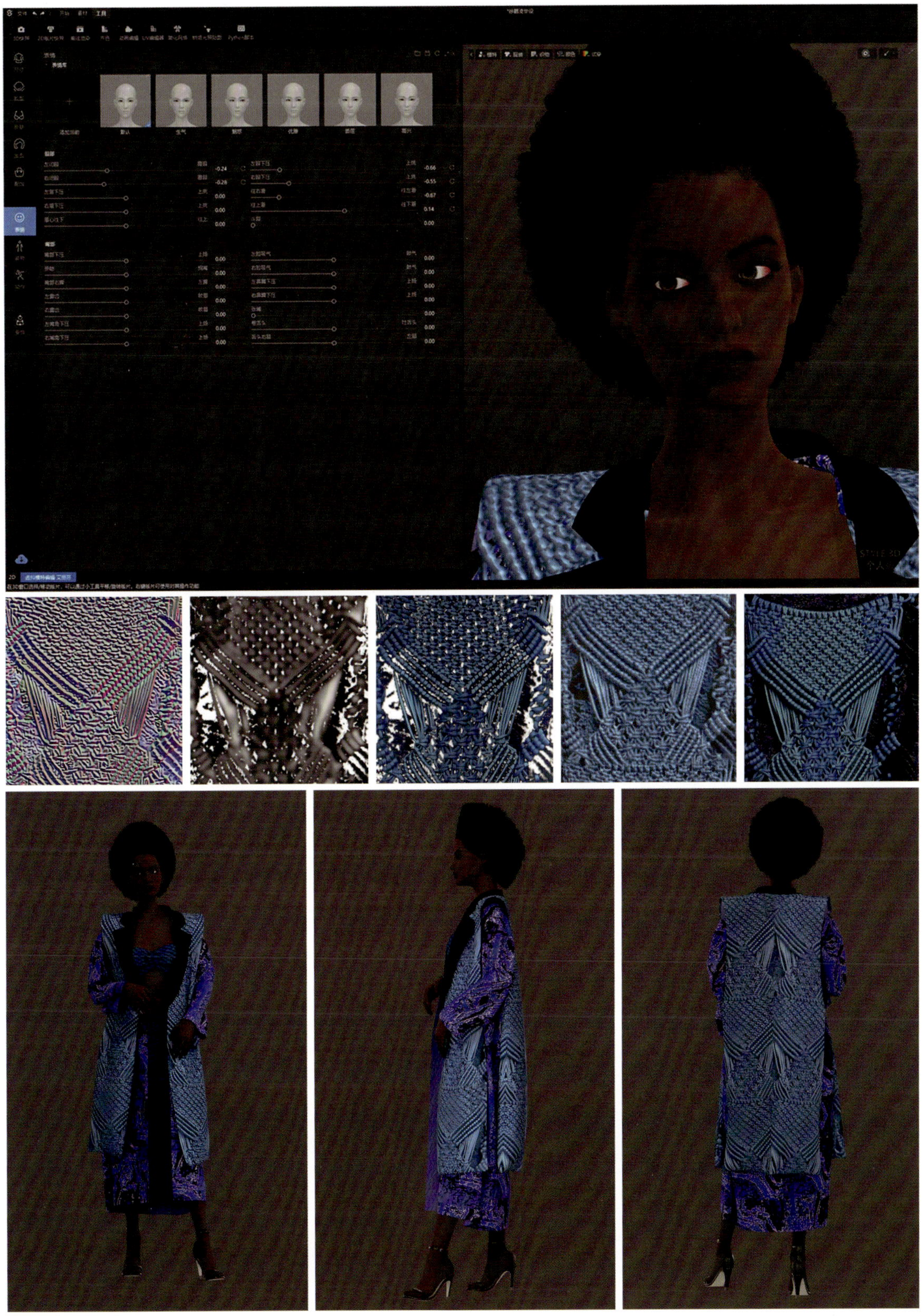

图5-70 虚拟服装制作及渲染效果图

四、设计案例四

灵感来源：科学技术的不断发展使得网络世界快速兴起，由网络所诞生的虚拟世界已然成为这个时代的主流。在虚拟世界中，人们是快乐的，不需要面对外界的种种压力，在这里可以做自己想做的，甚至现实里做不到的事，导致现在有很多人沉迷在“虚拟世界”中。新时代的人们正在面临如何权衡虚拟和现实的关系这一难题。就像搁浅在沙滩上的鱼一样不知所措。作品展示了从灵感来源（图5-71）到设计效果图（图5-72）再到服装渲染图及大片（图5-73）的整个设计过程。（张宇飞作品）

图5-71 灵感来源图

图5-72 服装设计效果图

图5-73 虚拟服装渲染图及大片

五、设计案例五

灵感来源：那些被废弃的工厂，在人们的记忆中逐渐被淡忘，变得破碎而又割裂。这类工业遗产的变迁，是实体产业在辉煌之后的没落，代表着个体记忆与集体记忆的遗失。时代所遗留下的工业化设计，被认为是落后的和笨重的代表。从叙事性的角度出发，作为集体的实体化产业遭到遗弃，成为空壳，个体被遗弃于集体之外，表现出一种麻木的无所适从，无法放下过去，更无法展望未来。设计者眼中工厂的没落暗喻个体与集体的关系，面对变迁时个体和集体的无所适从，促成了一种麻木而又无意识的生活，没有反省，没有赞成与反对。作品展示了从灵感来源（图5-74）到服装款式设计及虚拟服装渲染图（图 5-75）的过程。（郭俊作品）

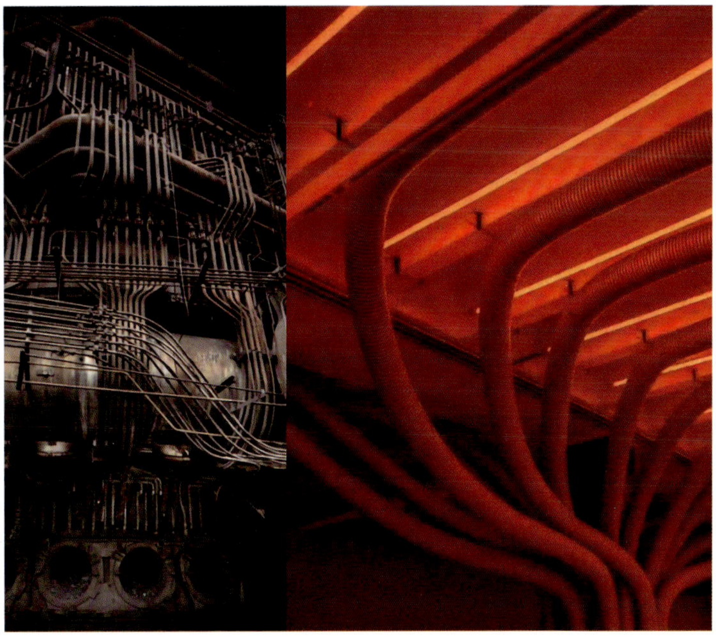

图5-74 灵感来源

图5-75 款式设计及相应服装渲染图

第四节 商业项目设计拓展

在商业服装设计领域，版型合体度与穿着舒适度始终是设计价值的核心维度，其优先级超越一切装饰性元素。这要求设计师具备在功能诉求与美学表达之间保持平衡的能力。从概念设计阶段开始，设计师与版型师就需建立协同工作机制：基于三维数字样衣系统，对设计稿上的款式风格和身体各部位的尺寸进行匹配，并根据不同的穿着需求和面料特性，合理分配适当的松量，以确保服装的舒适度和美观性。为了达到最佳的上身效果，往往需要对版型细节进行反复实验和修改，从肩部的斜度到腰部的收束，从袖笼的弧度到下摆的长度，每一个细节都可能影响穿着体验。同时，辅料的适配性也至关重要，如拉链、纽扣、衬布等的选择和搭配，都需要经过模拟确认，以确保它们与服装整体风格相符，且不影响穿着的舒适度（图5-76~图5-79）。

扫描款式上方二维码，可查看以下所列每一个款式的360° 细节，这一功能，通过直观的效果，为设计师和版型师提供多维修改参考，显著降低开发成本。此外，Style3D 支持多端口线上分享，便于多部门协同确认款式。具体操作步骤如下：首先，登录 Style3D 官网并输入账号密码；其次，在个人主页中选择款式，右键点击“分享”；最后，选择分享形式，如生成海报（图5-80）、二维码或链接（图5-81）。（本节内容由上海添智贸易有限公司授权提供）

图5-76 商业款式设计一

图5-77 商业款式设计二

图5-78 商业款式设计三